DES VOITURES

ET

DES ROUTES.

BARY, éditeur, à Corbeil.

— CORBEIL, IMPRIMERIE DE CRÉTÉ. —

DES VOITURES

ET

DES ROUTES.

CAÏMAN DUVERGER.

Paris,

CARILIAN-GŒURY,

LIBRAIRE DES CORPS ROYAUX DES PONTS ET CHAUSSÉES ET DES MINES,

Quai des Augustins, n° 41.

1835.

DES VOITURES

ET

DES ROUTES.

Les causes de la résistance des voitures sont le poids du véhicule et de son chargement; la surface qu'ils opposent à l'impression de l'air et le frottement des roues sur les chaussées et sous l'essieu.

Mais, la résistance occasionée par la pesanteur d'une voiture résulte de la hauteur des obstacles et de la quantité dont le chargement s'élève en les franchissant; celle de l'air s'accroît avec la surface d'impression, et celle des roues dépend de la constitution de l'équipage et du sol; de sorte que la sûreté, l'économie, la célérité des communications sont relatives au genre, au degré d'exécution et d'entretien des voitures et des chaussées.

Avec une voiture très-bien exécutée, soutenue sur des essieux droits, à fusées cylindriques de $0^m,030$ de diamètre, ajustés avec soin à des roues de $1^m,000$ de diamètre, et de $0^m,100$ de largeur de jantes, convenablement exécutées et graissées :

Si les roues sont en fonte, la résistance est sur le fer $\frac{1}{200}$ et sur le cailloutis $\frac{9}{200}$ du poids de l'équipage; avec elles un cheval, en exerçant un effort de 50^{kg}, traînera sur le fer $10,000^{kg}$ et sur le cailloutis $1,111^{kg}$ neuf à dix fois plus dans le premier que dans le deuxième cas.

Si les roues sont en bois, la résistance est sur le fer $\frac{2}{200}$ et sur le cailloutis $\frac{10}{200}$ du poids de l'équipage. Avec elles un cheval, en exerçant un effort de 50^{kg}. traînera sur le fer 5000^{kg} et sur le cailloutis 1000^{kg}. Sur le cailloutis, la résistance des voitures dont les roues sont construites en charronnage est à peu près pour le frottement à l'essieu $\frac{1}{200}$, pour les imperfections des roues $\frac{1}{200}$ et pour les inégalités du sol $\frac{8}{200}$ du poids total.

Les chaussées et les voitures bien construites occasionent donc environ : celles-ci $\frac{1}{5}$ et celles-là $\frac{4}{5}$ de la résistance des transports.

DES VOITURES.

Deux voitures également roulantes sur un
sol bien uni, mais diversement conformées,
ne s'élèvent et ne s'abaissent pas de la même
hauteur en franchissant les excavations, les
obstacles et les terres dépressibles d'une
chaussée; leurs percussions, leur adhérence et
leurs frottemens sur le sol sont aussi différens,
et ces variations en produisent souvent
une de moitié dans la résistance au mouvement, dans la durée de l'équipage et dans la
dégradation de la route.

Ainsi, sur l'empierrement ou le pavé, c'est
moins à la boîte qu'à la jante qu'il importe de
diminuer la résistance; les voitures les plus
roulantes sont aussi les plus durables et les
moins destructives; les transports et les chaus-

sées, les voituriers et l'État sont également intéressés au perfectionnement du roulage[a].

DES ROUES. Les roues avancent en tournant sur elles-mêmes; elles ne glissent point sur le sol, mais sous l'essieu; elles substituent donc aux frottemens de la jante, sur un chemin mou, raboteux et inégal, ceux des surfaces dures, ajustées, polies et graissées de l'essieu sur le moyeu[b].

De leur diamètre. Sur une route horizontale, abstraction faite du poids de la roue, la pression est exactement la même à la boîte et à la jante; mais la vitesse de chacune d'elles est relative à son diamètre; ainsi, le frottement est proportionnément relatif à la pression du chargement et inverse de la différence entre le diamètre de la roue et celui de l'essieu [1].

L'essieu, dont le diamètre est dix fois moindre que celui des roues, exerce un frottement dix fois moins long que l'espace parcouru par la voiture.

[a] MM. Camus, Lelarge et Desaguliers.
[b] Le docteur Hook et M. Austice.

Les petites roues restent scellées dans les courtes dépressions, mais les grandes les franchissent facilement.

Quoique les roues s'élèvent et retombent toutes d'une égale hauteur en franchissant un obstacle, la rampe et la pente qu'elles suivent alors sont inverses de leur diamètre; mais l'effort de la jante contre les obstacles se décompose en deux forces, l'une perpendiculaire et l'autre parallèle au plan qu'elle suit; celle-ci diminue et celle-là s'augmente avec l'inclination; elles tendent, la première à déprimer le sol et la seconde à mouvoir l'équipage; ainsi, plus les roues ont de diamètre et moins les obstacles qu'elles franchissent sont préjudiciables aux voitures, aux moteurs et à la chaussée. [a-a]

Le sillonnage d'une ornière est une ascension continuelle du véhicule sur un obstacle indéfini; sa profondeur est inverse de la surface d'impression; de grandes roues sont donc

[a] M. Storrs Fry.

avantageuses lorsque le sol se déprime profondément sous elles[a].

L'enfoncement des roues dans les courtes dépressions du sol, leur résistance dans les ornières, l'ébranlement qu'elles reçoivent et qu'elles transmettent aux équipages, aux matériaux des chaussées, aux moteurs, en roulant sur le cailloutis et les pavés, sont inverses de leur diamètre[b].

Dans les terres grasses, Les ornières profondes et certains fardeaux nécessitent de très-grandes roues malgré l'accroissement de résistance qu'elles produisent; mais elles sont très-embarrassantes sur nos chemins montueux, inclinés latéralement, résistans, sillonnés de dépressions et couverts d'aspérités.

Sur les rampes, La hauteur des roues, toujours favorable à la mobilité des voitures, nuit souvent au tirage des chevaux. Ainsi, dans les montées rapides, lorsque les roues d'une charrette sont basses, les traits sont rampans, les harnais pressent le col du cheval, ils ajoutent à son

[a] MM. Hook et Helsmham.
[b] Sédioles d'Italie.

poids, ils diminuent son inclinaison, ils assurent sa marche et accroissent ainsi son effet utile.

La grande roue tombe d'un bord sur l'autre de l'excavation qu'elle franchit en exerçant une percussion; la petite, au contraire, descend jusqu'au fond en s'accélérant, et la vitesse acquise l'aide à remonter. *Dans les longues dépressions,*

L'essieu incliné agit latéralement sur les mobiles en pressant inégalement et en sens contraire les extrémités du moyeu. *Sur les revers,*

Dans les changemens de direction, le moteur produit encore les mêmes effets ; mais horizontalement. *Dans les tournans,*

Plus le diamètre des roues est grand, plus les jantes dans les changemens de direction déplacent à la fois et en sens opposé les matériaux des routes. *Dans les ornières,*

Plus les roues et le véhicule sont élevés, plus la charge est jetée latéralement, soit par la force tangentielle dans les tournans, soit par les inégalités du sol ; elle pèse alors sur une seule roue, accroît ses frottemens, tend à *Sont des leviers,*

la rompre, à creuser l'ornière et à verser l'é-
quipage ; mais, sous l'effort de toutes ces causes,
le rayon de la roue est un levier ; sa puissance est à la bande, sa résistance et son point
d'appui sont aux extrémités opposées du
moyeu. Il faut donc accroître le diamètre, la
longueur de la fusée et de l'essieu à peu près
comme la hauteur de la roue.

Pour réduire de moitié les frottemens de
première espèce, il faut à peu près quadrupler
le diamètre des roues, décupler leur pesanteur et doubler les proportions des fusées de
l'essieu ; car, sûr un sol incliné latéralement,
elles agissent comme un levier en exerçant à
la boîte une pression quatre fois plus considérable [a].

Les poids des roues de $1^m,000$ et de $2^m,000$
de diamètre et de même force, usées au même
service, sur la même route et dans le même
temps sont entre eux :: 8 : 20.

L'agrandissement du diamètre de la roue et
l'appetissement de celui de l'essieu accroissent

[a] M. Edgeworth.

la mobilité des voitures; mais, dans les longues dépressions, sur les revers, dans les
tournans, dans les ornières, sur les rampes,
dans les terres grasses et dans le roulis, l'effort latéral du chargement sur l'essieu, sur les
mobiles, sur le sol; la fragilité, le poids des
roues, la résistance, les embarras, les accidens qu'elles occasionent s'accroissent avec
leur diamètre bien plus rapidement que leur
mobilité; et bientôt ils l'excédent [a].[3]

Le genre, la nature du chargement et l'état
sans cesse variable des routes, déterminent les
proportions des roues; mais, dans les circonstances ordinaires, celles de $1^m,000$ à $1^m,500$
sont généralement préférables[b].

Plus est grande la surface d'impression des
jantes sur le sol, moins le poids du chargement occasione de résistance aux chevaux,
d'ébranlement à l'équipage et de dégradations
à la route, sous ce rapport, les roues grandes
et larges seraient préférables; mais, au-delà
d'une certaine hauteur, l'accroissement du dia-

JANTES.

---

[a] Le docteur Hook et M. Edgeworth.

[b] 4 pieds 6 pouces anglais ($1^m,372$. Storrs Fry.

mètre ne diminue plus les frottemens ; il faut donc élargir les jantes autant que possible.

Rondes, Si les bandes ne sont pas exactement rondes, les rayons sont inégaux, la progression de l'essieu est ondulatoire et le chargement oppose la même résistance que s'il était traîné sur un sol inégal.

Élastiques, Les roues élastiques produisent les mêmes effets par les inégalités de flexibilité, et en outre elles épuisent en pure perte la force nécessaire à comprimer successivement tous leurs ressorts ; ainsi les cercles doivent être ronds et inflexibles [a].

Inclinées, Si, pour laisser plus d'espace au chargement sans élargir la voie, on incline les roues en dehors en coudant l'essieu, l'arrête extérieure de la jante touche et s'use presque seul sur les routes [4].

Coniques, Pour prévenir ces inconvéniens, on a construit des jantes coniques ; mais leurs bords opposés tendent à franchir sur le sol des espaces relatifs à leur diamètre, en décrivant un arc dont le sommet du cône inscrit à la bande serait le centre [5].

[a] Patente anglaise. — MM. Borne et Jacob.

Les roues coniques et inclinées sont continuellement sollicitées à s'éloigner l'une de l'autre et glissent d'autant sur le sol en exerçant à la boîte une pression considérable; elles broient, déplacent les élémens des routes par leur mouvement torsionnaire et transmettent à l'équipage un ballottement qui désassemble et détruit toutes ses parties; une bonne roue doit être cylindrique et perpendiculaire à l'essieu [a] [6].

Cylindriques,

Lorsque les roues, parfaitement cylindriques, tournent autour d'un essieu droit, sur une route exactement sèche, plane et nivelée, la dépression est à peu près inversement proportionnelle à la largeur des jantes.

Sur un sol nivelé,

Mais ordinairement elles descendent jusqu'au solide en écartant les boues qu'elles brassent dans les ornières et rejettent sur les bords; elles ne pressent qu'en un point la face arrondie des pavés, les pierres saillantes, les surfaces bombées ou inégalement dépressibles; en tournant, elles exercent une action torsionnaire sur le sol, et alors leur largeur ne

Dépressible, inégal,

[a] Rumfort, Cumming.

réduit nullement le déplacement, l'attriction, le broiement des matériaux de la route, ni l'intensité de la résistance, mais au contraire elles les accroissent.

Glissant,

Dans les tournans les jantes larges écrasent, ébranlent et refoulent latéralement les matériaux des chaussées; et sur les pentes transversales, sur un sol naturellement glissant et dans les changemens de direction, elles dévient et occasionent les accidens les plus funestes.

Collant.

L'adhérence des jantes aux terres et aux détritus ordinairement humides et collans s'accroît avec la largeur des bandes; et son effet est si funeste, que, dans presque tous les pays, les dégels font interrompre la circulation.

Mais les intervalles entre les cercles, les joints des bandes et les têtes saillantes des clous, ne diminuent presque point le déviage, et triplent au moins le broiement et le déplacement des matériaux des chaussées [a].

Jantes étroites,

Cependant les bandes dont la largeur est moindre de 0,^{m}100, arrondies encore par les frottemens, usent les arrétes des pavés; elles

[a] Tous les auteurs.

s'engagent entre eux et dans les tournans elles les déchaussent ou se brisent ; elles déplacent encore les pierrailles et creusent des ornières profondes sur les chemins ferrés.

Plus les jantes des roues ont de surface relativement au poids de la voiture, moins il y a de résistance; mais, au-delà de certaines limites, leur largeur et leur diamètre accroissent le tirage au lieu de le réduire; la profondeur des dépressions, l'adhérence du sol et conséquemment la résistance s'augmentent beaucoup plus que le poids des voitures ; il faut donc multiplier les roues ou diviser les fardeaux [a][8].

Les frottemens ne s'accroissent pas comme l'étendue des surfaces qui les produisent; doubler le nombre des roues sous le chargement c'est diminuer leur proportion, leur pesanteur, leur frottement et réduire l'altération des équipages et des chaussées [b][9][10].

Lorsque l'essieu n'est point perpendiculaire à la ligne de tirage, les deux roues dévient dans

Larges,

ESSIEU
incliné.

[a] **MM.** Coulomb, Edgeworth, Storrs Fry.
[b] Rondelet.

la même direction et les moteurs ont à **vaincre** une résistance encore plus considérable que si la tendance latérale des roues était opposée [a].

Fusées coniques, L'essieu conique presse la roue sur l'écrou lors qu'il est droit, et l'incline s'il est coudé; ces dispositions déterminent le ballottement, la tendance à dévier et le glissement sur le sol [11].

Cylindriques, Les frottemens latéraux des jantes sont beaucoup moindres lorsque la boîte peut couler le long de la fusée; ces deux circonstances motivent l'emploi des essieux cylindriques.

Longues, L'essieu ne presse presque jamais également les deux extrémités du moyeu; l'usure de chacune d'elles est dans toutes les positions inversement relative à sa longueur, prise au milieu de la jante.

Larges, Plus la surface d'impression entre la fusée et la boîte est considérable, plus l'épaisseur de la couche d'huile interposée et la mobilité de la roue sont grandes; l'attrition et l'élargissement des boîtes diminuent dans les mêmes rapports; mais il faut réduire le diamètre de

[a] Rumfort.

l'essieu autant que possible; ainsi le ballottement à la fusée, l'errement, le déboîtement
des roues, l'arrondissement des cercles, le déviage, le balancement et la résistance de l'équipage, sont inverse de la longueur des moyeux;
il faut les alonger le plus qu'il est possible de
chaque côté de la jante.

Puisque c'est le frottement de l'essieu qui
élargit les boîtes, il convient de les faire tourner habituellement ensemble [a].

Si les roues sont solidaires à l'essieu, l'une
d'elles parcourt en glissant toute la quantité
de chemin qu'elle fait plus que l'autre; elle
trace des ornières profondes et sinueuses dans
lesquelles elle se désassemble; il est donc préférable que les moyeux puissent tourner autour de la fusée. L'essieu et les mobiles ne
glissent l'un sur l'autre que dans les changemens de direction, restent concentriques et
ne ballottent jamais [b].

Mais si l'essieu tourne avec les roues et sans
elles facultativement, il ne frotte le moyeu que
dans les changemens de direction; les huiles

[a] Grèce, Calabre, Espagne, Irlande, Écosse, Suède, etc.
[b] Edgeworth.

s'échauffent moins, ne sont point épaissies par le métal; les boîtes ne s'élargissent point, et, si les coussinets de l'essieu prennent du lâche, les roues n'en tournent pas moins rond [12].

Essieu double, La disposition de deux essieux contenus l'un dans l'autre sur toute leur longueur; assemblés bout à bout au milieu de l'équipage, ou, mieux encore, placés parallèlement et latéralement, est très-lourde, très-difficile à établir et à conserver; mais, elle réduit plus qu'aucune autre la quantité des frottemens [a].

Le poids de l'équipage sur un sol incliné transversalement, et sa force tangentielle, exercent une pression considérable sur le moyeu ; mais ils n'accroissent point la résistance que l'essieu tourne avec les roues.

Ballottant, Si l'essieu ballotte sous la voiture, ou s'il y est fixé par des ressorts qui ne le tiennent pas perpendiculaire à la ligne de tirage, les deux roues dévient continuellement.

Élastique, Mais, lorsqu'il est élastique, il fléchit plus ou moins du haut en bas, d'arrière en avant

[a] M. Mollard.

sous le poids , sous la force tangentielle de l'é-
quipage et sous l'effort des moteurs; il fait
balancer les roues dans toutes les directions
successivement.

Le lisoir placé immédiatement au-delà de
la roue éloigne les obstacles ou fait tourner
la voiture autour d'eux ; il empêche ainsi
qu'elle ne soit atteinte ou renversée ; l'essieu
supporte sans danger un poids bien plus considérable, son coussinet s'use peu et ne ballotte
jamais ; et si l'extrémité de la fusée, la seule de
ses parties qui puisse manquer, se rompait, il
resterait assemblé dans les roues, le chargement
s'appuierait sur lui et ne verserait point [13][a].

Charge aux extré-
mités.

L'on a vainement essayé de diminuer la résistance des équipages par l'interposition d'un
système de chapelets [b], de rouleaux ou de
rondelles à galets, entre le véhicule et l'essieu [c]
ou les mobiles; l'imperfection, l'altération rapide de toutes ces pièces annihilent bientôt les
faibles avantages qu'elles produisent d'abord.

Réduction des
frottemens.

Une poulie montée sur un boulon solidaire

Poulies.

   [a] Le docteur Hook.— [b] Wyat de Birmingham, Milton,
Garnet. — [c] Gothlick.

2

au train et suspendue à l'essieu par une sangle, ne justifie guère mieux les promesses de la théorie. Il faut donc constituer l'équipage pour le chargement avec le nombre de pièces rigoureusement indispensables, et réduire ensuite les frottemens autant que possible.

GRAISSAGE.

L'interposition d'un corps gras entre l'essieu, les boîtes de ces moyeux ou les coussinets de ses lisoirs, est le moyen le plus sûr et le plus généralement adopté de réduire les frottemens. Il est important d'entretenir cette huile liquide au moins à la température à laquelle elle est élevée par le frottement, et de prévenir son écoulement ou son altération par les poussières[a].

Son choix,

Certains métaux et certains enduits forment ensemble une boue épaisse qui accroît la résistance. La plombagine, le savon, remplissent les cavités et rendent la surface glissante ; les huiles et les graisses agissent en outre comme des rouleaux et réduisent ainsi les frottemens des deux manières à la fois.

Ses fonctions.

Si l'effort de l'essieu sur la boîte n'est pas assez considérable pour vaincre la viscosité de

[a] Collinge.

l'huile et pour la refouler latéralement, elle s'oppose au contact, à l'attrition des deux métaux, et les frottemens décroissent beaucoup plus vite que le poids du chargement [14].

Ce n'est point l'essieu, mais l'imperfection des chaussées qui produit l'accroissement du tirage avec celui de la vitesse; car sur les ornières de fer, la résistance reste à peu près la même, quelle que soit la vélocité des voitures [a].

Sur une chaussée bien construite, les frottemens occasionés par l'essieu sont à peine $\frac{1}{10}$ de la résistance totale d'une voiture, et de $\frac{1}{40}$ seulement si la progression est de $5^m,000$ par seconde; que gagnerait-on à les réduire de moitié ou des trois quarts?

Aucune pièce de mécanisme ne reçoit de secousses et de percussions plus fréquentes et plus fortes que l'essieu des voitures; il élargit toujours les brides et les échancrures qui le contiennent; il brise ou déforme bientôt les galets et les rouleaux sous lesquels on le place; il ballotte, les roues dévient et la résistance est sensiblement accrue; mais ces inconvéniens sont inverses de la longueur du

[a] Tous les auteurs.

2*

train , de la largeur de la voie et de la hauteur du chargement.

CHARGEMENT.

L'essieu doit recevoir la charge à chacune des extremités du moyeu, ou du moins immédiatement à l'une d'elles; et la surface de sa coupe ou son diamètre doit varier aux différens points de sa longueur comme les fonctions qu'ils remplissent [a].

Dans les roues,

Le chargement contenu dans les roues à capacité oppose moins de résistance au mouvement que s'il était fixé sur l'essieu; mais les difficultés d'exécution, le peu de solidité de ce véhicule, l'impossibilité complète de placer et de retenir les bagages en équilibre, et plusieurs autres inconvéniens graves, l'ont fait abandonner.

Dans les tonnes,

Les tonnes roulantes résistent beaucoup moins au mouvement que les charrettes de même poids; elles ne tracent point d'ornières, franchissent toutes les dépressions; elles ne chargent nullement le cheval et réduisent sensiblement les dépenses, les dangers et les embarras du roulage; mais les pierrailles, les pavés de nos routes, les détériorent prompte-

[a] Chariots russes, suisses, etc.

ment ; il faut souvent détacher les boues ou les neiges qu'elles enlèvent ; et certaines marchandises seraient avariées par une rotation continuelle ou l'infiltration à peu près inévitable des eaux [15][a].

On prévient la plupart de ses inconvéniens en élevant la tonne sur deux roues par un essieu qui la traverse ; mais alors elle est plus conpliquée, plus lourde, plus dispendieuse et moins roulante ; elle verse dans les ornières et les dépressions ; et, à moins qu'elle ne contienne des liquides, des graines, des poudres, du sable, quelque autre *fluide imparfait* ou des marchandises compressibles, les points opposés de sa circonférence ne sont plus en équilibre, les roues tournent sans elles, les frottemens de première espèce sont rétablis, et la résistance est égale à celle des autres équipages [16][b].

Autour de l'essieu,

Le chargement des *hypaxons* suspendu sous l'essieu, soit en totalité, soit en partie, peut y rester en équilibre ; il n'est point ébranlé par les secousses du roulage et le mouvement ondulatoire des brancard ; il ne peut verser, et la rupture des roues ne l'expose qu'à une lé-

Sous l'essieu,

[a] Amérique du nord. M. Bosc. — [b] M. de Tiville.

gère commotion; son arrangement à hauteur d'homme est très-commode et n'impose aux moteurs que le poids inévitable des brancards [17][a].

Ces divers systèmes sont simples, légers, peu couteux et faciles à manœuvrer; ils rapprochent le chargement du sol et donnent à la base une grande surface, ils réduisent autant que possible les efforts de la force tangentielle, des commotions latérales et la fatigue des moteurs; aussi lorsque la forme, les proportions, la nature du bagage, ne s'opposent point à leur emploi, sont-ils préférables à tous les autres, par rapport à la commodité, à l'économie, à la sécurité des transports, et à la conservation des routes.

Sur l'essieu, L'équipage ne s'appuie jamais que sur trois points, quel que soit le nombre de ses bases, l'inclinaison et l'état du sol [b].

Sur une roue, La voiture à une seule roue prend ses deux autres points d'appui sur le moteur [c].

Sur deux roues, Le train supporté par un seul essieu, s'ap-

[a] Ὑπαξόνιος. Haquet de Perronnet.

[b] Tyrol, Belgique. — [c] Hook, Martinios, M. Juilliou, Gompérat de Sédan.

puie sur les deux roues dont il suit les mouvemens latéraux, mais il tomberait nécessairement en arrière ou en avant en tournant dans les boîtes si le moteur ne le retenait.

Une charrette en équilibre sur un chemin horizontal pèse en avant s'il est déclive, et en arrière s'il est rampant ; cette disposition vicieuse transmet à l'équipage les secousses du moteur, et le fatigue, lui-même d'une pression continuelle au poitrail, de percussions consécutives à l'une et à l'autre épaule, sur le dos et sous le ventre, suivant l'inclinaison de la route et l'inégalité de la résistance et elle réduit sensiblement l'effet utile [a].

Les lourdes voitures à une et à deux roues sont les plus défectueuses ; mais elles sont certainement les plus simples, les plus légères et les plus roulantes dans les très-petites proportions. [b]

L'une des trois roues d'un système articulé à l'avant ou à l'arrière trace entre les deux autres une ornière parallèle et sert à les diriger. Sur trois roues

La plupart des frottemens sur les chemins

[a] De là les deux chevaux de front et les trois demi-brancards de Morton. — [b] Tyrol, Belgique.

ferrés résultent du nombre et de la hauteur des obstacles ou des dépressions et cette disposition sillonne trois ornières; son avant-train compliqué est peu solide, et, dans les directions courbes, l'effort du moteur, la force tangentielle, les percussions et la résistance de l'équipage s'exercent à la fois sur lui [a].

Sur quatre roues.

On préfère généralement le système composé de quatre roues assemblées à des essieux d'égale longueur; l'articulation est au milieu de l'un d'eux, et le mouvement ne produit que deux ornières inévitables.

Les deux dernières roues forment avec le milieu de l'avant-train les trois bases du système; le premier essieu s'articule dans tous les sens, sans le déranger et lui transmet ainsi la direction, l'équilibre et le mouvement qu'il reçoit du moteur. On peut également articuler les deux essieux par le milieu de leur longueur et les faire converger dans les tournans en les unissant par une barre diagonale.

Sur six à huit roues.

L'avantage de multiplier le nombre des bases et de diviser les fardeaux est généralement reconnu; et des praticiens fort habiles

[a] Tricycles. Paris.

ont conçu des voitures à six et à huit roues ; des barres articulées à des distances convenables du milieu des essieux les faisaient converger tous vers un même point comme les rayons d'un cercle; mais les roues n'étaient jamais absolument parallèles à la ligne de tirage, le frottement des assemblages altérait bientôt la justesse de leurs rapports, l'unité de voie était détruite et les effets de ces imperfections inévitables se multipliaient par le nombre des trains [a].

Ces voitures ont des roues d'égale hauteur, sont fort larges de voie, très-hautes de caisses et très-basses d'essieux, ou bien les trains extrêmes sont articulés et montés sur de très-petites roues. Dans les deux modèles, les mobiles ne suivent pas exactement la même voie, les frottemens latéraux et le déviage croissent avec leur nombre; aussi les tentatives les plus opiniâtres les mieux concertées ont-elles été infructueuses [18].

En franchissant un obstacle ou une dépression, la charrette déplace à la fois tout son chargement; le chariot au contraire n'élève ou

Sur les obstacles.

[a] Auderson, Vrigt, Delong-Acre.

n'abaisse le sien qu'en partie au moment du passage de chacune de ses roues, la résistance est moins considérable, les percussions sur l'épaule du moteur, sur l'essieu, sur la roue, sur le sol, sont moitié moindres, et c'est un grand avantage, car la surface des meilleures routes est couverte d'aspérités et d'excavations [19] [a].

Dans les détours.   Dans les changemens de direction ou lorsque l'une des roues est retardée par un obstacle, la percussion à l'épaule du cheval est considérable avec la charrette, et à peu près nulle avec le chariot.

Dans les côtes.   Quelle que soit la rapidité des rampes ou des pentes le chargement reste en équilibre sur les roues du chariot et le cheval n'est affecté que de l'accroissement inévitable de la résistance, ou de l'impulsion que l'enrayoir peut modérer [b].

LONGUEUR
des chariots.   L'écartement de deux essieux accroît la base en éloignant le premier point d'appui des deux autres, diminue le déviage et l'ébranle-

[a] Edgworth. — [b] Contrairement à l'opinion d'Arthur Young et de M. Audiffret.

ment de l'arrière-train contre les obstacles, avec la pression latérale qui en résulte; dans le passage des flaches, il éloigne les uns des autres les balancemens successifs et opposés, il limite leur étendue et réduit ainsi la résistance, les chances de versement, d'avarie des transports et de dégradations des routes [20] [a].

L'effort nécessaire à modifier et à entretenir la direction du mouvement, et les effets des erremens inévitables des moteurs, sont inverses de la longueur des brancards ou du timon.

Les résistances simultanées des deux roues sont toujours inégales sur le sol et sur l'essieu; la tendance latérale et les frottemens qu'elles produisent, sont relatifs à la largeur de la voie et à l'oscillation continuelle du timon.

Leur largeur.

L'étendue des balancemens d'un équipage s'accroît comme sa hauteur; lorsqu'elle est doublée, la quantité de mouvement qui sollicite à verser, à dévier, la pression ou le choc sur l'essieu, sur la roue et sur l'ornière, l'impres-

Leur hauteur.

[a] L'écartement des deux essieux n'est point indifférent comme l'avance M. Storrs Fry.

sion de l'air, et conséquemment sa résistance, sont nécessairement doubles [21][a].

Leur volume,

La résistance que l'air oppose au mouvement d'une voiture est toujours relative à la surface d'impression; elle est presque nulle lorsque l'équipage chemine lentement et que l'atmosphère est tranquille; mais elle s'accroît lorsque leurs mouvemens sont rapides et opposés, jusqu'à faire équilibre au plus grand effort des moteurs.

Les vents d'arrière n'ajoutent pas aux mouvemens de l'équipage la force qu'ils lui opposaient dans la direction contraire, car ils sont plus ou moins plongeans, et le pressent obliquement de haut en bas.

Mais latéralement la stabilité de l'équipage est moindre; sa surface d'impression est plus considérable; et, sur un sol incliné, glissant ou inégal, l'effort des vents peut causer le déviage et même le renversement.

Leur poids.

La pesanteur et la résistance des équipages vides changent suivant les modèles, mais elles

[a] M. Milton. Deuxième rapport pour mars 1808.

croissent plus rapidement que leur force et leur capacité [22].

La résistance du chargement s'accroît plus rapidement que sa pesanteur, mais elle varie sur les divers équipages. Ainsi le cheval traîne plus facilement 1250 k. dans une tonne roulante que 1000 k. sur une charrette [23].

Les pierres bien sèches réduites à $0,^m025$ de côté, résistent ordinairement à une pression de 1,000 à 5,000 k.[a]

Mais les pierrailles des encaissemens sont informes, mal assises; elles présentent l'un de leurs angles à l'effort des jantes, et souvent elles sont ébranlées par le cassage et saturées d'eau.

Les jantes roulent sur un sol inégalement dépressible, sur des aspérités, elles n'exercent point une pression incessante, mais une suite de percussions; et une roue pesant 250 k. exerce une pression de 48000 k. au moins en tombant de $0,^m180$ [b].

[a] Perronnet, Gauthey, Rondelet.

[b] Le choc d'un corps de 1 k. 03, tombant de $0^m,18$ de hauteur, équivaut à une pression de 195 k. 800. (Mariotte.)

Les roues dévient presque toujours quoique insensiblement; elles changent de direction ou bien leurs formes coniques, l'inclinaison de l'essieu, les sollicitent à sortir de la voie, et ces mouvemens sont torsionnaires.

Ces circonstances habituelles décuplent les effets destructeurs du roulage, et, dans la pratique, la jante pressée de 3oo à 4oo k. réduit en poudre toutes les pierres saillantes qu'elle rencontre sur un fond résistant [24].

La résistance et les effets destructeurs d'une voiture croissent plus rapidement que son poids, et sont bien rarement inverses de la surface des roues, celles des petits équipages ne sont jamais aussi étroites ni aussi basses que celles des grosses voitures relativement à leurs poids; celles-ci enfoncent les pavés et broient les pierrailles, celles-là ne les attaquent presque pas; et six petits chariots altérent dix fois moins les routes qu'une charrette à six chevaux [25].

Comparaison des chariots.

Les voitures légères coûtent moins en acquisition et en entretien que les gros équipages; elles franchissent mieux les côtes rapides et les passages difficiles ; elles manœuvrent dans un moindre espace et avec plus de facilité ; elles fatiguent moins les moteurs, les chargemens, les chaussées ; on n'en déplace que le nombre rigoureusement nécessaire ; et, si l'une d'elles ou son moteur est hors de service, elle ne retarde point le reste du transport [26].

Le déplacement, la dépression et le broiement des élémens de la route, l'altération et le frottement des équipages, les dépenses, les embarras et les inconvéniens de leur emploi, croissent plus rapidement que leur poids, leur largeur et leur élévation. L'effet utile journalier des moteurs animés d'un attelage est inverse de leur nombre ; ainsi, la réduction des chargemens et des proportions transversales des véhicules concourt à la conservation des voies, à la commodité, à l'économie et à la sécurité des transports [a].

Lorsque la progression des voitures est de 1^m par seconde, leur résistance est à peine sur le fer de $\frac{2}{200}$ et sur le caïlloutis de $\frac{10}{200}$ de

Aspérités du sol.

[a] **MM.** Coulomb, Cordier, Edgworth, Storrs-Fry et Gerstner, traduit par **M.** Girard.

leur poids total : avec elles un cheval en exerçant un effort de 5o k. traîne sur le fer 5,000 k. et sur le cailloutis 1,000 k.

Lorsque la vitesse est de 5^m par seconde, la résistance reste à peu près la même sur le fer, mais sur le cailloutis le mieux construit elle est de $\frac{40}{200}$ du poids de l'équipage; ainsi les voitures occasionent suivant leur vitesse $\frac{1}{20}$ à $\frac{4}{20}$ et les chaussées $\frac{16}{20}$ à $\frac{19}{20}$ de la résistance.

Les pavés et les empierremens sont couverts d'asperités et de dépressions apparentes ou cachées sur lesquelles tous les mouvemens sont ondulatoires; les percussions qu'elles occasionent détruisent les matériaux des chaussées; désassemblent les roues, les trains, avarient les chargemens et fatiguent les voyageurs.

RESSORTS.

Dispenser l'équipage de descendre dans les cavités, de s'arrêter contre les obstacles ou de s'élever en les franchissant, autant que l'essieu et les roues sur lesquels il repose, tel est l'objet des ressorts.

De la caisse.

Lorsque la caisse est suspendue sur des ressorts, elle suit les mouvemens de l'essieu, ac-

quiert leur étendue , l'outre-passe et reprend
sa position relative sans le choquer et presque sans accroître sa pression. Si la chûte des
roues est immédiatement suivie d'une ascension, l'équipage est sollicité à s'élever avant
d'avoir achevé de descendre, mais, lorsqu'elles franchissent les aspérités et les dépressions, avec une grande vitesse, les ressorts
fléchissent et se redressent avant que la hauteur de la caisse ait varié sensiblement : aussi
les percussions sur la route, la résistance de
l'équipage et les secousses du chargement sont-
elles à peine accrues par les dépressions, les
pierrailles ou les pavés. Les avantages de l'é-
lasticité sont presque nuls sur un sol uni ou
parcouru lentement ; mais ils croissent avec la
célérité de l'équipage, le mauvais état des routes
et l'intensité du chargement jusqu'à diminuer
le tirage d'un cinquième ou d'un quart [37] [a].

La résistance est moindre lorsque la
caisse est suspendue ; il semblerait donc
convenable que les roues et l'essieu le fussent
aussi ; mais les ressorts fixés à la jante sont
entravés dans leurs mouvemens par les boues

Des roues.

[a] Butler. Boswell.

et les graviers, ou sont brisés par les obstacles et les changemens de direction. Les jantes
élastiques font dévier, et l'emploi de chacun
de ces deux moyens accroit le tirage de la
force nécessaire à tendre successivement les
lames flexibles [a].

Du palonnier.   En supposant les traits inextensibles, le
premier effort du moteur entraîne le train
qui lui est solidaire ; mais la caisse suspendue
et sollicitée seulement par sa base s'incline ou
plutôt semble s'incliner en arrière, circonstance qui détermine une commotion générale
contraire à la conservation des ressorts et à la
stabilité des chargement.

Sous une vitesse quelconque le choc des
roues contre un obstacle compromet le système, les harnais et le moteur; mais un palonnier flexible n'agit qu'insensiblement d'a-
bord; et successivement avec plus de force
sur la résistance, de manière à lui faire acqué-
rir progressivement et sans secousses la vitesse du tirage.

[a] Edgworth.

L'élasticité des brancards adoucit les per-cussions qu'ils exercent parfois sur le mo-teur, et le balancement continuel qui résulte de sa marche; mais elle ne diminue point la pression nécessaire au maintien de l'équilibre.

Les percussions successives de la caisse sur l'essieu, sur les roues et conséquemment sur le sol, et celles des brancards, du palonnier, des traits, du collier sur le cheval sont converties par la suspension en une pression variable, mais incessante; aussi faut-il doubler le char-gement pour briser les pierrailles qui seraient broyées dans les mêmes circonstances, si la flexion des ressorts était arrêtée [a].

Ainsi les secousses du chargement la disloca-tion, la résistance de l'équipage, les souffrances et la fatigue du moteur, sont relatives à l'éten-due, à la vitesse des percussions, et conséquem-ment inverses de la flexibilité des ressorts.

A partir du premier effort, la résistance s'affaiblit insensiblement de moitié, au con-traire elle augmente avec la vitesse; mais l'i-nertie de l'équipage croît comme elles deux

[a] M. Cordier.

et réduit à proportions leurs inégalités conti-
nuelles sur les mauvais chemins.

Du tirage direct,　Le tirage descendant ajoute à la pression de l'équipage ; l'effort contraire le soulève et celui de côté tend à le renverser. Le
tirage perpendiculaire à l'essieu, et parallèle à
la route, le sollicite au mouvement suivant la
tendance de ses mobiles, et conséquemment
avec le moins de résistance.

Tout tirage entre cette dernière direction,
et l'une ou plusieurs des autres, épuise une
partie de l'effort du moteur, en accroissant
la résistance.

Mais il sollicite les roues à franchir les
obstacles, s'il est rampant, et à s'arrêter contre
eux, s'il est déclive.

Rampant,　La ligne de tirage doit être parallèle à la
route [a] ; mais dans le cas d'une rampe rapide
il y a quelque avantage à baisser le palonnier,
au dessous du niveau du poitrail, car les traits
sont rampans ; ils pesent sur la bricolle ou le
collier, et sur le col des chevaux ; ils ajoutent

[a] Storrs Fry.

à son poids; ils diminuent son inclinaison et assurent ses pas [28][a].

Les aspérités du sol, des ornières creuses, des flaches, des frondrières grasses et collantes résistent inégalement aux roues; elles tendent à les faire dévier, et l'effort nécessaire à les retenir ou à les diriger dans la voie est inverse de la longueur des brancards ou du timon. L'animal marche diagonalement comme dans les manèges et dans les hâlages, ou bien, il tire droit, résiste en même temps de côté, et, dans ces deux cas, il dissipe inutilement une partie notable de sa force.

Toutes les fois que l'effort n'est point exercé au milieu de la voie, l'équipage est sollicité latéralement; il faut donc atteler les moteurs l'un devant l'autre, ou du moins à des palonniers doubles, articulés dans l'axe de direction [b].

Les moteurs attelés à l'extrémite du timon ou des brancards le dirigent par leur tirage : ici, l'avantage de diminuer le nombre des chevaux du train pour constituer ou accroître la *volée* est évident.

[a] Edgworth. — [b] M. Nadault.

Lorsque la direction du tirage n'est plus parallèle à celle de la voiture, l'angle qu'elles forment entre elles, le frottement latéral et la fatigue du moteur sont inverses de la longueur des traits; ainsi, l'on augmente à la fois la force de l'attelage et la mobilité de la voiture en les alongeant [a].

La direction de l'équipage est sans cesse variable comme les frottemens aux deux roues, l'inégalité des erremens et des efforts des moteurs; ainsi, la longueur du timon, des brancards, des traits, l'attache et la direction des moteurs dans la ligne de tirage réduisent la résistance des transports et la dégradation des routes.

En pays de montagnes peu rapides et fréquentes, le tirage n'a lieu que pendant la moitié du trajet. Le cheval ne fait aucun effort en descendant; et cet avantage diminue la fatigue occasionée par le tirage des montées. Mais dans le cas d'une vitesse excessive ou d'une pente rapide, il est indispensable à la

[a] Contre l'avis de M. Storrs Fry.

sûreté des transports, de pouvoir ralentir ou arrêter leur mouvement.

Lorsque deux chevaux retiennent à l'extrémité du timon, ils sont nécessairement entraînés vers l'axe de direction; leur résistance est diagonale et à peine moitié de celle qu'ils exerceraient derrière l'équipage ou dans les limons : dans ces trois circonstances, ils se fatiguent beaucoup, ils dégradent les routes et saisissent la première occasion de suivre la vitesse du mobile, mais elle s'accroît progressivement, et bientôt elle excède les forces qu'ils pourraient lui opposer.

Les pentes tournent contre le voyageur tous les avantages d'exécution et d'attelage qu'il a réunis; accroître le frottement et la résistance de la voiture, réduire l'ardeur et le tirage des moteurs, sont des précautions fortement indiquées dans cette occasion; mais c'est une imprudence extrême de confier la vie des hommes à quelques cordons faciles à rompre, à embarrasser, incapables de retenir un animal fougueux, sollicité par une charge qui excède ses forces, et par la douleur aiguë que

ENRAYAGE.

lui causent des mouvemens contre nature.

Il suffit alors de rétablir sur le sol le frottement de première espèce en retardant ou en arrêtant le mouvement des roues; voici les moyens le plus usités :

1° Le faisceau de baguettes élastiques engagées par leurs extrémités dans les roues correspondantes, et sous le train, par le milieu de leur longueur [a];

2° La perche flexible fixée au train par deux liens qui la pressent contre la face extérieure de la roue;

3° La corde avec laquelle on fixe l'un des points de la jante à l'équipage;

4° Le sabot, sorte de petit traîneau de fer sur lequel on place la roue; il est fixé à l'avant de l'équipage par une corde inextensible ou par une chaîne;

5° Et enfin l'enrayoir, sortes de barres dont les extrémités ferrées retardent le mouvement des roues en exerçant sur elles une forte pression.

Les percussions successives des faisceaux

[a] Belgique, Allemagne, etc.

sur les rais les ébranlent, les désassemblent et font un bruit insupportable.

La perche détruit le bois des jantes, se coupe sur leurs cercles et produit des accidens fort graves lorsqu'elle se rompt ou se détache.

La corde use sur le sol l'un des points de la jante et disloque la roue.

Le sabot nécessite, comme les précédens moyens, d'arrêter pour le faire fonctionner ou du moins de reculer pour le remettre au crochet.

Plus les pentes sont rapides, glissantes et dangereuses, plus la résistance diminue, et son excès, son insuffisance, obligent continuellement le moteur à tirer et à retenir.

Avec l'enrayoir, le voyageur exerce, de l'intérieur de l'équipage, la pression d'un corps solidaire au train sur la bande des roues, et, si la déclivité du chemin ou l'emportement des chevaux le nécessitent, il peut à son gré modérer ou arrêter le mouvement [29].

Mais les jantes ne sont point absolument rondes, et les ressorts seuls exerceront sur elles une pression à peu près constante.

Les deux derniers moyens sont moins imparfaits que les autres; mais celui-ci use le cercle des roues et celui-là les désassemble.

La nécessité d'épuiser en pure perte une partie de la puissance motrice par l'enrayage accuse à la fois l'imperfection des attelages, le poids excessif des voitures et la trop forte inclinaison des routes.

DES MOTEURS.

La force des animaux est relative à l'espèce, au sexe, à l'âge, à l'état de santé et aux passions de l'individu; elle est aussi modifiée par la nature et l'intensité de son travail, ses alimens, les localités et les variations de l'atmosphère. De là une grande variété, mais aussi une instabilité continuelle dans leurs propriétés.

Les forces des individus sont ordinairement inverses de leurs proportions, soit que l'on compare ensemble des espèces, des races, des variétés semblables ou différentes.

Les animaux non mutilés, satisfaits dans tous leurs besoins, traités avec douceur et soumis chaque jour à un travail modéré, sont plus forts et plus actifs que les autres.

Doués de la puissance d'agir, afin de pourvoir à leur conservation et non pour concourir à nos travaux, ils n'agissent ordinairement avec quelque énergie qu'à regret et par nécessité ; ils épuisent à se déplacer une partie de leurs forces et ne communiquent à la résistance qu'une faible quantité de mouvement.

Ils se dirigent souvent avec beaucoup d'adresse par eux-mêmes ou du moins à la voix et au geste de leur conducteur.

Ils sont ordinairement doués d'un sentiment d'émulation très-vif, et, dès qu'ils sont réunis, ils développent toutes leurs facultés.

L'effet utile d'un moteur animé est produit par son poids abaissé d'une quantité quelconque ; cette chûte en avant, suivant des arcs dont les pieds sont les centres, doit être entretenue par des élévations successives : c'est le mécanisme de la marche. Les animaux en

De leur marche,

mouvement laissent tomber en avant et relèvent sans cesse le poids de leurs corps.

Montante, Dans leur progression sur une surface rampante, les articulations et les muscles ne fonctionnent point dans les limites ordinaires ; les pieds ne posent d'aplomb sur la surface inclinée que par une fausse position, ils tendent à glisser en arrière ; enfin la progression résulte de l'élévation continuelle de la masse, et ces effets croissent plus rapidement que l'inclinaison du sol.

Horizontale. Appliqués à la résistance, les animaux avancent leur centre de gravité sur une route horizontale absolument comme s'ils franchissaient une côte, et le glissement des pieds, les fausses positions des membres, les élévations et les abaissemens successifs de tout le corps s'accroissent bien plus rapidement que l'énergie et la vélocité de leur tirage [a]. On peut, il est vrai, dans le cas d'un travail excessif, diminuer leur inclinaison en ajoutant à leur masse ; il faut alors les charger d'un poids étranger, ou, mieux encore, incliner leurs

[a] Tous les auteurs.

traits pour que la pression des harnais s'exerce à la fois sur le dos et sur le poitrail[a].

Plus ils sont chargés et moins ils s'inclinent en avant. Ainsi, l'addition d'un poids étranger les aide à franchir une côte : c'est le cas où la bête de somme produit le plus grand effet utile. Une charrette, dont la sous-ventrière est tendue, épuise les forces du cheval; et plus les roues sont basses ou les traits inclinés, moins il se fatigue.

Mais, sous l'effort de la charge ou contre la résistance du collier et sur un sol horizontal, absolument comme sur les rampes, les animaux avancent leur centre de gravité. Ainsi, au-delà de certaines limites, la fatigue s'accroît beaucoup plus rapidement que la vélocité ou l'intensité du travail. Moins ils sont chargés et moins ils se pressent, plus ils parcourent de chemin.

Dans les pentes, à l'effort du poids du moteur élevé par les muscles se joint l'effet de la masse, multiplié par la hauteur dont il des-

Descendante.

[a] MM. Edgworth et Storrs Fry.

cend à chaque pas : c'est le cas où ses forces s'épuisent le plus souvent sous l'influence d'un fardeau à soutenir ou à retarder ; mais, si la voiture résiste, il est capable du plus grand effet utile ".

Soutenir un corps étranger, vaincre la résistance d'un obstacle en s'appuyant contre lui, ou se tenir debout sur un plan incliné mobile, et, en chaque cas, parcourir un certain espace, voici les moyens par lesquels les animaux utilisent pour nous leurs efforts.

Le transport sur le dos des animaux est inévitable dans les lieux où l'on est privé des machines, des chemins ou des canaux nécessaires ; mais il les fatigue beaucoup et ne les laisse profiter ni des poses ni des pentes douces si favorables au travail [30].

Lorsque l'emplacement ne suffit point aux mouvemens du moteur, on le place dans une roue verticale ou sur une surface rampante, articulée, mobile et sans fin, posée sur des rouleaux. A mesure qu'il s'élève, le sol fuit, descend en arrière et le ramène sans cesse au même point ; mais ces machines rendent sa

" Guenyveau.

marche incertaine, le fatiguent, l'échauffent et dissipent en frottemens une partie de ses forces [31][a].

On l'attelle souvent à l'une des extrémités d'une barre horizontale, tournant par l'autre avec l'arbre qui la soutient et utilise son mouvement. Plus la circonférence décrite est grande, moins la ligne de tirage est courbe; mais la direction circulaire épuise sa santé, ses forces, et l'effort exercé sur les pivots accroît les frottemens de la machine [32].

De manége.

C'est en traînant directement après eux la résistance que les animaux produisent l'effet utile le plus grand [33].

De trait.

Le poids des moteurs, lorsqu'on les place sur l'équipage, celui des mécanismes et le frottement des rouages qu'il faut employer, épuisent inutilement une partie de la puissance; d'ailleurs, la comparaison de l'effet utile dont les animaux sont capables dans les tympans, sur les plans inclinés, dans les manéges, indique assez qu'il est impossible de les employer jamais plus utilement au roulage qu'attelés et marchant sur le sol.

[a] Voiture publique construite à Paris.

Harnais.

Une expérience de tous les temps semble justifier l'emploi des bretelles dans les courses rapides, dans les pays chauds, et celui des colliers dans les circonstances opposées.

DES TRAITS,

Le tirage est sans cesse intermittent et il imprime aux traits un balancement continuel dangereux pour l'attelage, surtout lorsqu'ils sont anguleux. L'eau accroît leur poids, leur raideur, leur usure ; aussi doivent-ils être flexibles, légers, cylindriques, unis et imperméables. Les cordes de chanvre, composées d'un grand nombre de brins recouverts d'un enduit, sont préférables à toutes les autres matières.

La marche est toujours plus ou moins errante suivant l'état de la route ou l'organisation du sujet ; il ne reste jamais dans l'axe de la direction, et plus les traits ou l'attache du palonnier ont de longueur, moins il tire de côté et moins il se fatigue.

Au choc du départ, à la rencontre d'un obstacle, l'élasticité des harnais accroît l'effort des chevaux ; elle adoucit les frottemens, diminue les secousses et prévient les percussions du collier qui le blessent et le rebutent, mais l'élasticité du palonnier est préférable à celle des traits.

Le collier ne s'appuie que sur les saillies du poitrail, ou bien il est dépressible et se moule sur elles; mais ses formes sont invariables, tandis que celles du cheval au contraire changent à chaque mouvement; ainsi l'impression est douloureuse et les frottemens occasionent, entretiennent et enveniment les plaies. — *Du collier,*

Si le collier ou la bricolle contenait un fluide, il exercerait une pression rigoureusement égale sur les ondes toujours mouvantes du poitrail, il ne les frotterait point, et l'effet utile serait un maximun [a].

L'on attache souvent l'extrémité des traits à l'équipage; mais, dès que le moteur s'écarte un peu de la direction, l'un d'eux tire seul et fatigue le poitrail; le palonnier articule tout le tirage en un seul point et prévient ainsi tous les inconvéniens; il doit être assez long pour tenir les traits convenablement éloignés l'un de l'autre, et tourner à frottement doux par le milieu de sa longueur sur un arbre vertical, — *Du palonnier,*

[a] ἀσκὸς Ascos.

de manière à ne jamais ballotter. On peut le rapprocher du cheval, soit que les traits se prolongent et se réunissent au-delà, ou que l'on attache une chaîne au milieu de sa longueur.

Chaque mouvement d'un cheval est un choc à la bretelle ou au collier, circonstance fort importante et qui ne justifie pas moins la prescription de harnais unis, doux et élastiques, que celle d'un palonnier à flexion.

TIRAGE incliné,

L'inclinaison des traits diminue celle des animaux; elle accroît leur aplomb dans les montées et sur la glace; mais, dans tous les cas, elle ajoute à l'intensité de leurs forces et les épuise rapidement [34].

Diagonal,

Lorsque la résistance ne les suit point directement, leurs articulations, leurs muscles, fonctionnent hors des limites et des directions naturelles; les frottemens du véhicule sont plus considérables; ainsi, dans le halage des embarcations et dans les manéges, l'effort est prodigieux, relativement à l'effet : attelés hors de la ligne de tirage, ils sollicitent l'équipage à dévier, et l'effort latéral par lequel ils le retiennent dans la voie, épuise inutilement une partie de leurs forces.

Sur un sol rampant, la position des articu-lations et des muscles est changée; les mou-vemens ne se font plus dans les limites ordi-naires; la charge n'est plus perpendiculaire à la base, et les pieds sont moins assurés; ainsi, sur une route montueuse, surtout lorsqu'elle est inégale ou mouvante, les fausses positions, les efforts contre nature réduisent sensible_ment les effets; alors les animaux sont tou-jours trop légers; mais on accroît leur pe-santeur en abaissant le palonnier des chariots, en réduisant la hauteur des roues des cha-rettes, et en alongeant la dossière : les voitu-riers préfèrent les côtes longues aux rapides; et les chevaux les adoucissent toujours en les alongeant par des erremens continuels d'une rive à l'autre du chemin.

En montant, le cheval n'a presque jamais assez de pesanteur et de projection en avant; en descendant, c'est toujours le contraire; son poids, sa charge et l'avaloir le précipitent et l'o-bligent à s'incliner en arrière; il faut raccour-

Rampant.

Descendant.

4*

cir la dossière des charrettes et enrayer. C'est dans les pentes douces, unies et droites que le cheval est capable du plus grand effort et qu'il convient de le presser.

Dans les pentes rapides, les mouvemens nécessaires à retenir sont contraires à l'organisation des moteurs ; souvent leurs pieds glissent sur le sol, le poids de l'équipage les entraîne, ou quelqu'autre cause les sollicite à prendre sa vitesse toujours croissante et à se précipiter avec lui dans les vallées.

La succession de pentes et de rampes fréquentes, mais peu rapides, rend le travail intermittent et ajoute sensiblement à l'effet utile des moteurs [a].

Sur un sol glissant. Les fers ordinairement polis des animaux glissent sur les surfaces résistantes, humides, grasses, et surtout sur les glaces, les verglas : un ferrage spécial ne remédie qu'imparfaitement à ces inconvéniens, et il altère les pieds des animaux ; sous ce rapport aussi, les pavés ronds, les rampes, les revers rapides, sont très-préjudiciables au travail et à la conservation des moteurs.

[a] Tous les auteurs.

Les moteurs isolés évitent les obstacles, mesurent leur vitesse à la résistance et profitent de l'inertie de l'équipage pour franchir les excavations.

Dans l'attelage composé, ils se gênent mutuellement par l'inégalité de leurs mouvemens et par le rayonnement des vapeurs chaudes qu'ils exhalent.

Un travail prématuré s'oppose au développement régulier de leurs organes et détériore leur santé. La nourriture, les soins nécessaires, les chances d'infirmité, de maladie, de mortalité, et l'inutilité complète de ces moteurs jusqu'à leur entier accroissement, constituent l'élévation de leur prix.

L'énergie et la durée du travail d'un moteur, même le plus agile, diminuent rapidement si l'on accroît sa vitesse, de sorte qu'en la quadruplant, l'effort est très-grand et l'effet presque nul[a] [35].

Plus la résistance est grande, plus le moteur s'incline en avant, ses pieds glissent en arrière, ses articulations et ses muscles fonctionnent hors des limites ordinaires, ses

[a] Guényveau.

mouvemens sont pénibles, son effort s'accroît et son effet utile diminue; mais souvent il résiste en apparence à des excès qui, tôt ou tard, occasioneront inévitablement sa perte.

Intermittent,

De fréquentes intermissions au travail des animaux accroissent sensiblement ses effets[a].

C'est en parcourant isolément au pas et par station, sous une charge modérée, une route unie, résistante et presque horizontale, pendant environ huit heures, qu'ils produisent le maximum d'effets journaliers dont ils sont susceptibles.

Du repos.

Un repos très-prolongé ne répare qu'imparfaitement les suites d'un travail excessif : l'abus des forces est donc préjudiciable au service et à la santé des moteurs [36].

Des alimens.

Leur courage, leur patience, leurs forces et leur constitution sont puissamment modifiés par les propriétés et la quantité de leurs alimens.

Du régime.

Les moindres changemens de régime ou d'habitude, un travail inaccoutumé, une transition subite de température, et même des

[a] Coulomb.

actes indifférens en apparence, peuvent devenir funestes.

Les animaux domestiques convenablement soignés sont ordinairement plus forts, mais ils évitent et supportent plus difficilement les intempéries de l'air que ceux qui vivent en liberté ; pour les loger, les entretenir proprement, prévenir ou alléger les maux qui les atteignent, il faut l'aptitude et les connaissances d'une personne experte et intéressée à leur conservation. Des soins.

Le désir ou la crainte peuvent seuls les contraindre à subir la gêne et les fatigues du travail. Incités par des privations, des souffrances aiguës, des passions que nous ne saurions connaître ou calmer, ils perdent leur santé, et parfois, oubliant le soin de leur conservation, ils compromettent la nôtre dans leurs emportemens.

Ces moteurs, les écuries, les greniers, les harnais représentent une valeur, et son intérêt joint aux dépenses d'entretien constitue le prix de leur travail journalier.

Leur déplacement est égal à celui de la ré- DES CHEVAUX

sistance; ainsi l'on augmente difficilement aux dépens l'une de l'autre la vitesse et l'intensité de leurs effets utiles; et, dans les passages mauvais et rampans, il faut multiplier instantanément l'attelage, ou l'entretenir oisif pendant tout le reste du trajet.

Accélérer leur vitesse au-delà de certaines limites, c'est compromettre leur santé; cependant les circonstances nécessitent souvent, et les bonnes routes autorisent toujours une célérité plus grande.

Leur concours au déplacement d'une forte résistance complique le système, rend sa manœuvre embarrassante, irrégulière et réduit l'effet utile de chacun d'eux.

Les courses non interrompues ou rapides ne peuvent s'exécuter qu'à l'aide du moyen dispendieux et souvent inadmissible des relais.

Leurs mouvemens dans les halages, dans les manéges, sur les plans inclinés et dans les tympans, augmentent la résistance à laquelle on les oppose.

Leur emploi subit parfois de longues intermissions durant lesquelles l'accroissement des dépenses et des soins prévient difficilement les vices et les infirmités qui se développent dans l'inaction.

Ces diverses circonstances compliquent leur emploi de conditions ou de difficultés, nuisent à leur conservation et réduisent ainsi la quantité de leur travail.

Dans les circonstances les plus favorables, DES HOMMES. le travail journalier de l'homme est 289 dynamodes (environ $\frac{1}{7}$ de l'effet utile du cheval); cependant le prix de ces deux moteurs est à peu près égal; ainsi l'emploi du dernier est ici beaucoup plus économique[a] [37].

Dans le Nord, l'effet utile journalier des DES CHIENS. chiens d'attelage est d'environ $\frac{1}{8}$ de celui des chevaux; ils exercent le plus grand effort par une vitesse de 0$^\mathrm{m}$,800 par seconde, mais ils tirent les traîneaux et les voitures plus rapidement que les meilleurs chevaux. Les petits chariots sont, relativement à leur capacité, beaucoup moins lourds et moins dispendieux que les grands; le chien serait donc préférable à tous les autres moteurs dans la plupart des

[a] Perron, Coulomb, D. Bernouilly; M.M. Navier, Hachette.

circonstances, si les dangers de l'hydrophobie ne le proscrivaient absolument.

DE LA VAPEUR. Le prix moyen d'acquisition du cheval est de 500^f,oo, celui de son entretien environ 600^f,oo ; ainsi la dépense totale et l'intérêt par an, font à peu près 725^f,oo, ou bien en comptant 300 jours de travail, c'est précisément 2^f, 41 pour chacun d'eux ; et en supposant le travail journalier de 2000 dynamodes, c'est pour chaque 0^f,oo12.

On doit estimer généralement à 1^f,oo, la force motrice de la vapeur équivalente au travail journalier du cheval ; c'est par dynamode 0^f,ooo5.

Le prix du travail des chevaux est au moins double de celui de la vapeur d'eau, et celle-ci doit être préférée dans toutes les machines stationnaires ; mais l'avantage diminue avec les proportions du moteur, tandis que le travail des chevaux s'augmente à mesure que l'on réduit la grandeur de l'attelage : le volume, le poids énorme de la machine, du charbon, de l'eau ; les incommodités, les embarras, les accidens qu'ils occasionent, et surtout les voitures, les sinuosités, les rampes si fréquentes sur nos routes, donnent à l'emploi de la vapeur un désavantage excessif sur celui des animaux.

Hors des voies en fer, il est à peu près impossible de diriger les chariots à vapeur; tandis que l'attelage d'une voiture suit par instinct le tracé des ornières, et se détourne souvent lui-même pour éviter les obstacles et les transports [38].

L'air n'est jamais en repos; souvent insensible, il devient parfois assez violent pour déraciner les arbres, enlever les toitures, renverser les édifices, soulever à de grandes hauteurs des masses énormes de sable ou d'eau liquide; et, entre ces effets extrêmes, il prend toutes.les vitesses imaginables, soit brusquement ou par gradations insensibles.

La durée, la vitesse et la direction de ses mouvemens sont variables à tous les instans, dans tous les lieux et à toutes les hauteurs, et elles sont encore différentes en des points fort peu éloignés les uns des autres.

Il ne suit une ligne droite qu'en se portant alternativement au-delà dans toutes les directions , sans toutefois s'en éloigner beaucoup.

Considérés à des hauteurs où la conformation apparente du globe ne peut les modifier, les vents sont , suivant les lieux, constans, périodiques, ou tout-à-fait variables dans l'une ou plusieurs de leurs manières d'agir.

Les obstacles invariables influent toujours d'une manière quelconque sur les vents; de sorte que, dans le même temps, les courans varient suivant les localités; mais ils sont produits par la chûte d'une couche d'air froid à la place d'un autre plus chaud, et sont presque toujours plongeans.

Les variations de direction, d'intensité, de vitesse et de durée des vents sont plus sensibles et plus fréquentes aux pays montueux, boisés et sillonnés de courans que dans les déserts et les plaines rases, et beaucoup plus à la surface des continens que sur l'étendue nivelée des mers.

C'est à la faible impression des vents les plus ordinaires que nous étendons les ailes de nos machines ; l'effort est en raison de leur sur-

face, mais il faut pouvoir les reployer en peu
de temps, car leur destruction serait inévitable si les tempêtes les rencontraient ouvertes en rasant les campagnes ; ce moteur,
dont on ne peut provoquer, ménager, ni diriger l'action, est indépendant de notre vo-
lonté; on ne peut l'employer que dans les cas
où les alternatives de mouvemens et de repos,
et les variations presque subites de vitesse et
de direction ne peuvent compromettre l'effet
ou la conservation de la machine [39].

L'intensité, la direction, la vitesse et la durée du vent sont rarement favorables à mouvoir l'équipage, et lorsque ces circonstances
sont fortuitement remplies, la rencontre des
plantations, des édifices, des mouvemens de
terre ou du moindre obstacle, dérange les
courans; ou bien la sinuosité des routes incline le plan d'impression, de sorte que les machines les plus légères, les plus ingénieuses
et les mieux dirigées n'ont jamais pu remplir
leur objet, et fournir au besoin la moindre
carrière.

Les voitures à voiles et celles à cerfs-volans

sont très-anciennes et certainement très-économiques, mais, outre les vices qui pourraient
résulter du genre ou du degré de leur exécution, les variations de durée, de vitesse et de
direction du moteur, réduisent leur emploi aux
plaines rases et aux déserts.

DU VIDE.   On a construit à Brigdthon un cylindre en
bois revêtu de toile ; il avait 60^m,ooo de longueur sur 3^m,ooo de diamètre, et contenait
un petit chariot fixé à un obturateur mobile.

Lorsqu'on raréfiait l'air à l'une de ses extrémités, l'obturateur et le chariot placés vers
l'autre cédaient à l'effort du poids de l'atmosphère et parcouraient le canal avec une
vitesse de 4,ooo^m,ooo par heure.

Ce système présente de fort grands avantages, puisque le moteur peut rester fixé à
l'une des extrémités de la route. On peut, pour
la même dépense de forces, parcourir avec une
excessive vitesse, un très-long espace sans
qu'il soit possible qu'il en résulte aucun inconvénient ; mais, hors quelques circonstances
particulières, l'absurdité d'un pareil projet n'a
pas besoin de démonstration.

CONCLUSION.

La dépression, le broiement et l'attrition des matériaux de la route; l'ébranlement, l'altération et les frottemens des élémens de la voiture, résultent de la pression et des percussions de celle-ci sur l'autre [a].

Ces causes sont relatives au poids, à la largeur et à l'élévation de l'équipage; elles sont inverses du diamètre, de la largeur et du nombre des roues, de la longueur des boîtes, de la distance des essieux, de l'élasticité du train et de la rectitude du tirage.

Mais, au-delà de certaines mesures, les proportions et la quantité des roues sont préjudiciables au mouvement et aux routes; l'effet utile des moteurs d'un attelage est inverse de leur nombre et même de leur stature.

Il faut donc faire les roues et les fusées

[a] Gerstner; M. Girard.

cylindriques; diviser les fardeaux; rétrécir la voie; baisser le chargement, le suspendre; alonger le train, les brancards, les traits, les moyeux autant que possible; faire tourner l'essieu; et enfin, atteler les moteurs dans la ligne de tirage.

Quelques légères modifications aux proportions et à la forme des voitures, diminueraient d'un cinquième au moins leur résistance au mouvement, et les dégradations qu'elles occasionent à la route. On les obtiendrait de la police du roulage, en prescrivant les dispositions suivantes [40] :

1° L'attelage des voitures suspendues est réduit à un seul cheval par roue [41].

2° L'attelage des voitures non suspendues est réduit à un seul cheval par deux roues.

3° Les jantes auront au moins $0^m,100$ de largeur [42].

4° La largeur des voitures et du chargement n'excèdera point $2^m,000$.

5° La hauteur des voitures et du chargement, ne devra point excéder 2 ^{m}, 5oo.

6° Les chevaux de renfort ne seront tolérés que sur les côtes excédant o^m, o5o par mètre de longueur.

7° Sont exceptés de ces dispositions, le transport des corps indivisibles, et les voitures appartenant à l'État.

DES ROUTES.

LA résistance occasionée par deux roues en charronnage construites, ajustées et graissées avec soin, chargées de 1000 ^{kg}, et parcourant un mètre par seconde, est sur le fer 10 ^{kg}, et sur un excellent cailloutis 5o ^{kg}; ainsi, les routes produisent les $\frac{4}{5}$ de la résistance totale des transports [43].

Les causes de la résistance du sol à la progression des voitures sont les rampes, les inégalités, l'inclinaison latérale et la glutinosité des chaussées, soit qu'elles résistent, qu'elles fléchissent, ou qu'elles se dépriment.

5*

Ces imperfections occasionent :

1° L'ascension des roues sur les éminences ;

2° Leur chûte et les percussions qui en ré-sultent ;

3° Leur choc contre les obstacles ;

4° Leur déviage ;

5° Leurs frottemens contre les corps la-téraux ;

6° Et enfin leur adhérence aux terres grasses et collantes.

Les rampes, Sur les routes rampantes, l'effort de la gravité des roues se décompose en deux forces qui sont, l'une perpendiculaire, et l'autre parallèle à la surface d'impression ; elles tendent, la première à déprimer le sol, la seconde à mouvoir l'équipage.

La durée et l'intensité de l'action produite par le poids du véhicule sont relatives, la première à la longueur, et la seconde à la hauteur de la rampe ; mais ces deux mesures sont toujours inversement proportionnelles ; ainsi, pour une hauteur donnée, la quantité de mouvement produite par la voiture abandonnée à sa gravité, ou la force dépensée pour l'élever de la même hauteur, est exactement la même, quelle que soit la longueur de la rampe.

Dans les rampes, sur les obstacles et dans les dépressions, la résistance est relative au poids de l'équipage, à la hauteur dont il est élevé, et aux frottemens qu'exercent les différentes parties de la machine en fonctionnant les unes sur les autres ; mais cette résistance croît plus rapidement que les causes qui la produisent.

Plus le mouvement est rapide, moins l'effort nécessaire à franchir un obstacle est grand, mais aussi la vitesse est diminuée, les forces employées à la conserver ou à la rétablir sont bien plus considérables.

La résistance de deux roues pesant 1000^{kg} est sur une rampe en cailloutis de $\frac{3}{100}$ d'inclinaison. . . . . 65 ^{kg}.

et de $\frac{5}{100}$. 125

Une voiture abandonnée à elle-même sur une rampe suffisamment inclinée, est sollicitée vers la pente par une partie de son poids.

Cette force parallèle à la surface d'impression agit continuellement avec la même intensité et dans la même direction ; la vitesse de l'équipage s'accélère uniformément, elle est la même en chaque point que s'il était tombé d'une égale hauteur, et, après certain espace parcouru , aucune des forces à la disposition des voyageurs ne serait capable de l'arrêter. Aussi l'on enraye ordinairement sur les côtes, ou bien l'on épuise l'une par l'autre, en les opposant, la force motrice des voitures et celle des chevaux.

Le danger d'accroître en descendant la progression des voitures retarde beaucoup les voyages ; la jante immobile autour de l'essieu, ou le sabot d'enrayage qui la soutient dégrade le sol et dissipe en frottement une partie de la force acquise par le travail des montées ; ou les chevaux, obligés de retenir, se fatiguent beaucoup. Les pentes rapides usent bien plus les équipages , les forces et la santé des moteurs que les chaussées horizontales ; mais le péril est imminent si les précautions d'usage sont négligées ou insuffisantes.

La moindre retenue épuise promptement

les forces des chevaux, un effort de 50 ^{kg} au contraire, diminue beaucoup leur fatigue, parce qu'alors les mouvemens de leur marche se font comme sur un plan horizontal.

Ainsi, dans les pentes douces, l'enrayage est inutile, la charge concourt au mouvement, les moteurs développent un grand effort, ils se fatiguent moins, et le tort fait à l'attelage, à la voiture, à la route, et le temps du trajet, sont un *minimum*.

La résistance de deux roues pesant 1000 ^{kg} est sur une pente en cailloutis de $\frac{1}{100}$ d'inclinaison. . . . . 45 ^{kg}.

de $\frac{5}{100}$. 25

Sur les côtes, les pieds des moteurs ne posent d'aplomb que par un effort; les articulations et les muscles ne fonctionnent point dans leurs limites ordinaires, les animaux sont exposés à glisser; et dans le mouvement, soit qu'ils montent ou qu'ils descendent, ils épuisent une partie de leurs forces à élever leur poids, ou à retarder sa progression.

L'inclinaison du sol étant 1, 2, 3, 4, 5 centièmes.

L'effort dont le cheval est capable est en montant : 5o, 49, 47, 44, 4o, 35 ^{kg}.

En descendant : 5o, 51, 53, 56, 6o, 65 ^{kg} 44.

Ainsi, sur la rampe, lorsque la résistance de 5o ^{kg} est devenue 125 ^{kg}, la force du moteur de 5o ^{kg} est réduite à 35 ^{kg}, et son effort est au moins trois fois plus considérable.

Mais, sur la pente, lorsque la résistance est réduite de 5o à 25 ^{kg}, la force du moteur est accrue à 65 ^{kg}.

Diminuer d'un mètre la hauteur verticale des côtes, c'est réduire l'effort de chaque cheval, de deux dynamodes au moins (environ $\frac{1}{300}$ de son travail journalier).

Il faut autant que possible réduire la hauteur des côtes à $\frac{1}{30}$ de leur longueur en abaissant leur sommet; en élevant le ravin qui les sépare, ou du moins en les alongeant.

Cette dernière disposition accroît la durée du travail, mais elle diminue en chaque point, et dans les mêmes rapports les difficultés d'élever l'équipage ou de le retenir; d'ailleurs la force des moteurs est plus considérable en montant, et bien mieux utilisée dans la direction contraire.

Ces travaux diminuent beaucoup les lenteurs, les dangers, les dépenses du voyage, les dégradations de la route; et produisent des matériaux convenables à sa constitution ou à des usages qui dédommagent en partie [a].

Les ornières, les aspérités, les dépressions ralentissent l'écoulement des eaux, et les rampes l'accélèrent; mais cette considération est bien moins importante à remplir que la facilité du roulage. Les pentes douces sont plus faciles à franchir que les montagnes, mais elles le sont bien moins que les chaussées horizontales; néanmoins, elles délassent les moteurs, et, sous ce rapport, il convient peut-être de les préférer au plus léger détour.

Les matériaux se dépriment toujours d'une quantité quelconque sous l'effort des roues; le tracé d'une ornière est une ascension continuelle; mais elle est insensible à l'œil si l'élévation de l'équipage et l'abaissement du sol sont égaux dans le même temps ; la résistance

Les dépressions.

[a] Edgeworth.

des roues et la dégradation de la chaussée augmentent plus rapidement que le poids; mais
elles sont inverses de la vitesse des transports[45]; cependant, lorsque les eaux, les boues
liquides ou le sable s'écoulent latéralement devant la jante, l'élévation et conséquemment la
résistance des roues s'accroissent avec la vélocité de leur progression [46].

Les élémens des chaussées, lorsqu'ils sont
amollis, cèdent de haut en bas, se pressent
mutuellement, se refoulent sur les côtés de
la jante en forme de bourrelets[a]; plus secs, ils
se compriment, ils acquièrent bientôt une
densité relative au poids et à la fréquence du
roulage; mais au-delà de certaines limites, les
matériaux se brisent sous le moindre effort,
et les dégradations causées par deux roues
chargées, l'une de 500, l'autre de 1000 ^{kg} sont
entre elles :: 1 : 7.

L'élasticité.   Le fond des ornières, les pavés ou l'empierrement se relèvent toujours d'une manière sensible après le passage des roues : cette
réaction est inverse de leur vitesse et de la
pression qu'elles ont exercée.

[a] Edgeworth.

Les aspérités, les dépressions constituent
une suite de pentes et de rampes sur lesquelles la progression des roues est ondulatoire;
elle épuise beaucoup de forces en montant,
mais en descendant elle s'accélère jusque sur
les obstacles; alors, la quantité de mouvement
se décompose en deux forces, l'une perpendiculaire, l'autre parallèle; elles tendent, la
première à déprimer le sol, et la seconde à remonter l'équipage : ici la dégradation de la
route, la résistance des transports croissent
plus rapidement que leur poids et leur vitesse [a].

Ainsi, les inégalités de la surface produisent
au moins les $\frac{4}{5}$ de la résistance des voitures;
cette fraction de l'effort des chevaux, perdue
pour les transports, émeut le sol, ébranle les
édifices, agite les eaux, etc. [b].

Les roues exercent en retombant sur le sol
une percussion relative à leur poids, à la
hauteur des aspérités et à la profondeur des
dépressions.

Plus les voitures ont de masse et de vitesse,

[a] Le docteur Hook et Lelarge.
[b] M. Coriolis.

plus la quantité de mouvement épuisée contre les obstacles est considérable, plus aussi les effets de la percussion ont d'intensité sur les chaussées, les roues, les essieux, les transports et sur le poitrail des moteurs.

Lorsque les roues sont informes ou élastiques, les mouvemens du véhicule sont ondulatoires; ils engendrent des forces vives et dépriment inégalement la surface du sol[a].

L'inclinaison latérale, La chaussée est-elle latéralement inclinée, surtout pendant les pluies et les verglas, les voitures dévient, le tirage est diagonal, difficile, et la résistance est accrue de la force nécessaire à remonter l'équipage.

Sur une chaussée inclinée latéralement de $\frac{5}{100}$ et glissante, la résistance de deux roues pesant 1000 ^{kg} est de 60 ^{kg}.

L'emploi des roues diminue beaucoup les frottemens; mais les vices d'exécution des voitures, la force tangentielle, les font presque continuellement glisser latéralement; et, dans les pentes, l'enrayage les empêche de tourner. Les jantes, coniques, à moins qu'elles ne pivotent sur le sommet du cône inscrit à leur

[a] M. Coriolis.

surface, et les roues cylindriques, lorsqu'elles obliquent, glissent plus qu'elles ne roulent dans les changemens de direction ; et ces mouvemens, surtout les derniers, produisent beaucoup de détritus.

L'effort latéral des jantes dans les boues, contre les obstacles et dans les dépressions, retarde beaucoup la progression des voitures.

La jante adhère fortement aux boues, elle les soulève du fond des ornières, et les rejette sur les bords avec les pierrailles qu'elles contiennent ; alors le fond est plus perméable ; les obstacles à l'écoulement des eaux se multiplient ; l'adhérence au sol, le poids des terres enlevées ajoutent beaucoup à la résistance. Ces effets sont relatifs à la largeur des jantes, à la glutinosité et à la quantité des terres ; ils croissent avec la pesanteur de la voiture, mais ils sont inverses de sa vitesse.

La glutinosité du
sol.

Sur les routes inclinées, mouvantes, élastiques, inégales ou collantes, les chevaux exercent un tirage intermittent ; ils reçoivent des percussions au poitrail, leur marche est incertaine, irrégulière et mal assurée : ils se fatiguent beaucoup ; et l'effort est prodigieux relativement à l'effet.

Les roues et les chaussées se dégradent les unes et les autres ; et moins elles sont bonnes, plus elles se détruisent mutuellement ; plus aussi les équipages se désassemblent, les chargemens s'avarient, les accidens se renouvellent : ainsi les lenteurs, les dangers et le prix des voyages s'accroissent tous les jours.

Les eaux, les inondations, les abris, les fonds élastiques et les gorges retardent le mouvement des voitures par les obstacles qu'elles leur opposent ou par les dégradations qu'elles occasionent aux routes.

De l'eau,

La résistance de deux roues pesant 1000 ^{kg} est, sur un excellent cailloutis très-sec, de 50 ^{kg}, et saturé d'eau de 65 ^{kg}.

Les eaux pénètrent les terres, les pierrailles ; elles diminuent leur résistance à la dépression, au broiement, à l'attrition ; pendant l'hiver, elles les fendent, les délitent, les effeuillent en se congelant ; et leurs effets s'accroissent comme la durée, la fréquence de leur séjour.

Les eaux étendues sur une chaussée plane et rampante, échauffée des rayons solaires et rasée des vents, s'écoulent, s'évaporent; mais les terrains perméables, raboteux, les arrêtent, les recèlent et les abritent dans leurs cavités.

Alors elles traversent la surface, les fondations, l'encaissement; elles délaient les détritus, pénètrent les pierres, amollissent le sol qui les soutient; elles désassemblent, soulèvent tous les élémens de la chaussée, et la livrent ainsi mouvante et affaiblie aux efforts du roulage.

Les inondations pénètrent beaucoup plus les chaussées que les pluies et l'humidité; elles les ébranlent de toute la quantité de mouvement dont elles sont animées; elles les couvrent de glaces, de vase; elles délaient, elles entraînent tous les élémens solubles et flottans; elles détruisent les plantations, elles ruinent promptement les routes et rendent les transports difficiles et dangereux.

Des inondations.

Les eaux diminuent la résistance du sol sous la pression des roues; celles-ci leur fournissent des cavités où elles s'amassent, et ces deux causes multiplient l'une par l'autre, avec une rapidité extrême, leurs effets destructeurs ; ainsi, mieux les chaussées sont asséchées, moins elles nécessitent annuellement de main-d'œuvre et de matériaux.

Des abris. — Le soleil et les vents provoquent et accélèrent l'évaporation; ainsi, les plantations les édifices, les éminences, les dépôts d'approvisionnemens sont toujours préjudiciables aux routes; ils entretiennent l'humidité du voisinage pendant toute l'année, prolongent la durée des neiges, des glaces, et pour une hauteur de trois mètres, accroissent de $\frac{1}{5}$ au moins les dégradations de la chaussée [a] [47].

Des fonds élastiques. — Sur les fonds élastiques l'entretien est quelquefois un peu moindre; mais la résistance est sensiblement accrue ; d'ailleurs, les marais s'élèvent, les chaussées s'enfoncent, il faut les recharger, refaire les ponts qui les

[a] Lois anglaises.

[b] Contre l'avis de M. Mac-Adam. Il est vrai que les pierrailles résistent davantage que sur un fond de rocher; mais l'encaissement est plus tôt défoncé.

traversent, et réparer souvent les dégradations occasionées par l'humidité, les glaces ou les inondations [48].

Les rochers, les monticules sont ordinairement sillonnés de filets d'eau qui coulent sur les routes, les dégradent, forment en hiver une nappe de verglas sous les pieds des voyageurs, et nécessitent des travaux particuliers.

Les terres et les débris de rochers détachés par les intempéries de l'air embarrassent la voie, obstruent les ruisseaux, les fossés, les canaux souterrains, détruisent les chaussées, et rendent les communications difficiles et dangereuses.

Une route est une surface artificielle destinée à diminuer le plus possible pour les animaux et les voitures le temps et les difficultés du voyage.

La conservation des véhicules, des chemins et des moteurs, la sûreté, la célérité, l'économie des transports sont inverses de la longueur et du mauvais état des routes, ou autrement du produit de la résistance par l'espace parcouru. Mais les obstacles opposés par le sol à la progression des voitures sont les courbes, l'inclinaison, les aspérités, les dépressions et l'adhérence de la chaussée.

Ainsi, la route doit être droite, horizontale, plane, résistante, unie et sèche autant que possible [49].

En fer.

Les routes et les voitures occasionent : celles-ci $\frac{1}{5}$, et celles-là $\frac{4}{5}$ de la résistance des transports; c'est donc bien plus la chaussée que la machine qu'il importe de perfectionner.

Sur un chemin en fer, la résistance des chariots est cinq fois moindre que sur le cailloutis et le pavé, elle ne s'accroît pas avec leur vitesse [a], la circulation est toujours également facile et libre, la voiture ne peut dévier; ainsi, le prix, le temps et les dangers des transports semblent devoir être infiniment moindres.

Mais le cheval traîne 3o,ooo[kg·] sur une pente de $\frac{1}{100}$ d'inclinaison, et 6,ooo[kg·] seulement dans la direction contraire [b]. les roues

[a] N. Vood, Stephenson.
[b] M. Girard.

glissent sur les rampes de $\frac{6}{1000}$ [a]. Il faut faire souvent des détours ou des souterrains, des déblais, des remblais, des ponts; sinon, il faut établir des plans inclinés n'excédant pas 3^m, ooo de hauteur [b]; et à chacun un halage ou une machine stationnaire. La trempe de la gorge des roues de fonte influe pour $\frac{1}{2}$ au moins sur le tirage [c]; la moindre couche de poussière étendue sur le fer accroît la résistance de $\frac{1}{3}$ [d]; le mouvement de la machine locomotive épuise $\frac{1}{7}$ de sa puissance ; l'accroissement de dépense de vapeur et de fatigue des chevaux avec la vitesse empêchent d'avancer aussi rapidement que le chemin le permettrait [f]; enfin, le prix d'établissement est sept fois plus élevé que celui des chaussées en cailloutis [g].

[a] M. Séguin.
[b] D. Scot, Robertson.
[c] M. Nadault.
[d] Palmer : 45 livres au lieu de 36.
[e] Trévithic.
[f] Guénivau, et tous les auteurs.
[g] Le kilomètre en fer : Navier, 118,ooo fr.
Nadault, 15o,ooo fr.
En cailloutis : tous les auteurs, 2o,ooo fr.

Dans quelques localités, les chemins en fer sont incontestablement préférables aux chaussées en cailloutis, en pavés et aux canaux; mais généralement ils sont inadmissibles.

En bois,

Les chemins en bois sont aussi très-avantageux, et dans quelques pays, ils sont économiques; mais les forêts ne sont point inpuisables, et l'emploi des ornières en bois n'est que transitoire[a].

En dalles,

Les dalles en pierre[b] et surtout en fonte de fer[c], résistent bien moins à la progression des voitures que les chaussées ordinaires; mais elles sont très-dispendieuses, et occasionent souvent des accidens aux chevaux.

En pavés,

Le pavé s'arrondit promptement, et alors le bondissement des roues, les secousses de la voiture et la fatigue des chevaux[d], accroissent beaucoup le tirage; la chaussée a peu d'épaisseur, beaucoup de poids, de nombreux

[a] Raccordement en bois du chemin en fer, entre la Moldaw et le Danube.

[b] Milan, Génes, Naples, Cusco, M. Mathews.

[c] Edimbourg, Stévenson.

[d] Lelarge.

interstices, et le fond, rendu liquide par les pluies, la couvre presque toujours de boue [a].

Dans la plupart des localités, les chaussées en cailloutis sont préférables à toutes les autres ; elles fatiguent moins le chargement, les voitures, les chevaux, et sont bien moins dispendieuses en établissement et en entretien [b].

En cailloutis.

L'espèce de matériaux la plus commune sur les lieux d'exécution est généralement employée ; on préfère les pierres très-dures et à grains fins, mais elles doivent former un ensemble solide, et sous ce rapport, elles ne conviennent pas également toutes, au moins sans une addition quelconque à la surface.

Matériaux,

Les matériaux contenant de la terre, de la craie, de l'argile, et généralement tous les corps ayant de l'affinité avec l'eau, doivent être proscrits, ne pût-on s'en procurer de meilleurs que par des transports dispendieux.

Leur choix,

[a] Les Phéniciens, en Ionie, en Afrique et en Espagne. M. Nadault

[b] Routes romaines. Itinéraire d'Antonin, tab. théodosiennes, cartes de Peutinger, parlement anglais. Chaussées gauloises. Berger, Grégoire d'Essigny.

Quelques pierres siliceuses et calcaires résistent bien à l'action de l'eau, des gelées, du roulage; sous ce rapport, elles sont également convenables; les frottemens usent leur surface et forment des détritus qui remplissent les interstices en consolidant le système; mais les pierres à chaux fournissent des mortiers moins perméables, et cette considération doit les faire préférer aux autres [a] 5o.

Les cailloutis et les graviers laissent entre eux $\frac{3}{5}$ de vide; leur surface lisse et sans aspérités n'adhère point aux détritus; la chaussée qu'ils forment est sans cesse mouvante sous la pression des roues et sous les pieds des chevaux, ses ornières ne sont jamais résistantes ni unies; cependant, lorsque ces sortes de pierres sont cassées, elles s'ajustent bien les unes dans les autres, elles forment un mastic compact, difficile à entamer et laissant au plus $\frac{2}{5}$ de vides [b] 5i.

Leur grosseur. — Plus les cailloutis sont divisés, moins il existe de vides entre eux; la chaussée est moins perméable, plus résistante et ses élé-

[a] M. Mac-Neill.
[b] M. Telfort, contre l'avis M. de Mac-Adam.

mens serrés dans tous leurs joints supportent sans se rompre une bien plus grande pression [a].

La cohésion des matériaux ne diminue pas comme leur grosseur, et plus ils sont nombreux, moins l'effort de la jante sur chacun d'eux est considérable.

Les pierres très-divisées s'étendent avec plus de facilité, de précision, d'économie que les autres; et la moindre humidité du sol, la moindre pression les fixent, les scellent et préviennent leur déplacement par le roulage [5a].

La grosseur des pierrailles accroît les inégalités; elle convertit la pression des roues en percussions sur le sol, sur l'essieu, sur le cheval, et détermine ainsi le déplacement, l'attrition, le broiement des matériaux de la chaussée, et la ruine des équipages et des chevaux.

Lorsque les pierres sont très-divisées, les roues les déplacent plus difficilement; les voituriers redoutent moins de passer dessus et

[a] Usité en France, en Suède; recommandé en Angleterre par Edgeworth long-temps avant M. Mac-Adam.

défoncent moins les autres parties de la chaussée.

Il faut réduire les proportions des pierrailles à o^m,o4o au plus, et l'inégalité de leurs fragmens irréguliers diminuera le nombre des intervalles [53].

Il faut remplir les interstices avec des graviers sans mélange, et de manière qu'il n'en reste point à la surface.

La conservation des routes et leur viabilité dépendent bien moins de la force excessive des matériaux que de l'égalité de leur résistance, sans laquelle les percussions détruisent tout : souvent on perfectionne les routes en arrachant de leur surface des pierres très-dures qui résistent plus que les autres [b].

Il faut donc n'employer qu'une seule sorte de matériaux, du moins à chaque couche, ou mieux encore à chaque partie de route.

FONDATIONS
de la chaussée,

L'emploi de dalles, de carreaux ou de bé-

---

[a] Telfort,   8^{onc} anglaises o kg. 226.
Mac-Adam 6   —   o   169.
[b] M. Berthault Ducreux.

ton [a] est le moyen parfois le plus économique de faire les fondations; mais le roulage les ébranle et les désassemble, à moins que la couche de cailloutis superposés ne soit très-épaisse; et alors elle remplit à elle seule les conditions de stabilité [b].

Les pierres de la couche inférieure n'excéderont point o[m],100 et o[m],200 de proportion; elles seront couchées à plat, jointives, collées et garnies de débris battus avec soin; mais les cailloutis superposés seront réduits o[m],040 au plus; car le roulage peut les ramener successivement à la surface.

La pression exercée sur un fragment de la surface est supportée par plusieurs autres, et l'ensemble de six couches partage l'effort sur 18 ou 36 pierres de la fondation; ainsi, plus l'encaissement est épais, moins l'effort en chaque point de la base est considérable [c].

Les terres humides de la fondation, aidées

Ses couches,

[a] M. Mac-Neill, à Higgate.
[b] M. Mac-Adam.
[c] M. Telford.

par la capillarité, s'élèvent entre les cailloutis sous le poids énorme du roulage et de la chaussée; elles couvrent la surface, elles incommodent les voyageurs, accroissent la résistance des transports, retiennent les eaux, et font baisser la route d'une quantité variable en chaque point, comme les proportions, l'arrangement des matériaux, la nature du sol et son humidité. Mais lorsque les chaussées sont très-épaisses, composées de petits fragmens ; lorsque les détritus remplissent tous les interstices, l'eau pénètre rarement jusqu'au fond, et les boues reviennent plus difficilement encore à la surface [54].

Lorsque le fond est très-résistant, l'empierrement n'est destiné qu'à préserver la surface; il suffit alors d'une couche légère et bien entrenue [a].

Mais sur un fond mouvant, dépressible ou élastique, la chaussée se dérange et se déprime bientôt si elle n'est résistante, ou bien si elle ne reporte sur une large base la pression

---

[a] $0^m 200$. M. Mac-Adam.

qu'elle ne reçoit qu'en un point de la surface [a].

Son épaisseur.

0^m,300 d'épaisseur suffisent sur un fond résistant; mais s'il est marécageux, il faut au moins doubler cette mesure; d'ailleurs la résistance des voitures est inverse de l'épaisseur et de la densité des chaussées [b].

Lorsque le répandage de l'empierrement est fait par couches légères, et à des temps éloignés, le roulage et les eaux opèrent la juxta-position des pierrailles et des détritus : l'aggrégation de toutes ces matières constitue la résistance et l'impénétrabilité de la chaussée.

TRACÉ
des routes,

La longueur des routes n'est pas sensiblement accrue par quelques sinuosités, et souvent la configuration du sol nécessite des détours [c].

Direction,

Les courans, les marais, les ravins présentent souvent de grandes difficultés à l'établissement

[a] Il peut être utile d'établir un grillage, mais les fascines, celles, par exemple, qui existent de temps immémorial à Jetten, en Hollande, n'ont point été construites pour accroître la solidité de la chaussée, mais pour l'élever en ajoutant le moins possible à son poids.

[b] Contre l'avis de M. Mac-Adam.

[c] Monge, Meunier, Sganzin.

ou à la viabilité des chaussées ; il faut alors se détourner ou franchir des côtes ou des vallées, et s'arrêter aux projets dont l'exécution occasione aux transports la moindre quantité de résistance.

Largeur.

La surface enlevée à l'agriculture par l'établissement des routes, et les dépenses qu'elles occasionent sont inverses de leur largeur ; le poids du roulage durcit insensiblement le sol et diminue la pénétration des eaux ; de sorte que la fatigue des chevaux et la dégradation de la surface ne s'accroissent pas comme le nombre des transports. La viabilité est inverse de la largeur des chaussées ; et les voies les plus belles et les plus fréquentées du monde n'ont pas plus de six ou huit mètres de largeur[55] [a].

Profil.

L'inclinaison latérale est nécessaire à l'écoulement des eaux ; mais, pour ménager les pentes vers les points convenables, prévenir le déviage, l'accroissement de la résistance qui en

---

[a] Contre l'avis de M. Gordon. La plupart des routes d'Angleterre, d'Italie, d'Allemagne, des Pays-Bas, sont ferrées sur toute leur largeur.

résulte, les effets de la force tangentielle et le renversement des voitures, il faut faire varier la direction et la quantité de l'inclinaison [56].

Dans les courbes, la chaussée doit s'abaisser de préférence vers l'arc intérieur; mais il faut verser toutes les eaux sur le côté de la vallée par une seule pente en travers, et le border d'une plantation serrée et toujours élaguée avec soin; car les fossés placés contre les montagnes, les canaux construits sous l'encaissement s'obstruent continuellement; ils sont d'un entretien dispendieux, et, après quelque temps de service, ils amollissent le fond en séchant sa surface [a].

Pente unique,

L'effet des eaux est toujours relatif à l'espace qu'elles parcourent; il faut, autant que possible, les verser latéralement et des deux côtés de la chaussée. Sa convexité doit varier suivant les matériaux, mais $\frac{1}{20}$ de chaque pente ou $0^m,200$ pour une route de $8^m,000$ de large, suffisent à l'écoulement lorsqu'elle est construite d'un bord à l'autre en cailloutis bien entretenu [57].

Convexité,

[a] Contre l'avis de M. Gordon et de M. Edgeworth.

Les fortes pentes en travers occasionent le déviage, les frottemens latéraux des roues, le tirage diagonal, l'inclinaison du véhicule; ces effets accroissent la résistance, ruinent promptement la route, les équipages et les chevaux, fatiguent les voyageurs et dérangent les chargemens. Alors les voitures roulent habituellement sur le milieu de la chaussée, et tracent des ornières profondes où s'amassent les eaux.

Suivant l'habitude qu'ont les voituriers de se tenir toujours sur le milieu de la chaussée, et pour que la vitesse de l'écoulement s'accroisse avec la quantité des eaux, le profil doit être un segment d'une ellipse très-surbaissée; mais il conviendrait de fixer les voitures sur les deux rives, et alors le profil devrait être composé de deux droites raccordées par un très-petit arc [58].

Exhaussement, Les eaux retenues dans les encaissemens entretiennent l'humidité de la surface; elles rendent le fond élastique et dépressible sous le poids énorme du roulage et de la chaussée. Il faut donc fonder sur un remblai légèrement bombé, dominant les lieux circonvoisins, et retenu sur les bords par une banquette de la même hauteur qu'elles, et de $1^m,000$ de largeur [59].

Il faut à tout prix éloigner les eaux de la surface et des fondations, soit par des dérivations fréquentes, des fossés, des aqueducs, ou des puisards [60].

Il est nécessaire d'indiquer par des arbres pyramidaux élevés sur les deux rives l'emplacement, la direction, la largeur de la voie publique. Il faut les planter sur le milieu des accottemens [a] et les espacer entre eux de 10 à 15 mètres, si la direction, la pente ou l'élévation de la route n'oblige à les rapprocher. Les haies, les plantations basses, les constructions et les banquettes doublent toujours l'entretien et doivent être proscrites [61].

Les banquettes fournissent aux voyageurs à pied un petit chemin sur lequel ils n'ont rien à redouter des voitures ni des cavaliers ; elles sont utiles aux abords très-fréquentés des grandes villes ; mais généralement elles s'opposent à l'écoulement des eaux, elles don-

[a] Supposés de $1^m,000$ de largeur.

nent de l'ombre et empêchent le vent de ra-
ser la chaussée ; elles retardent le dégel et la
fonte des neiges sur les points qu'elles abritent, et, lorsqu'elles sont basses, les voitures
et les chevaux les dégradent, à moins qu'elles
ne soient placées en dehors des fossés ou des
ruisseaux ; alors elles attirent les piétons sur
les champs riverains, elles éloignent les charretiers de leurs attelages et les accidens sont
toujours plus fréquens sur les routes qui en
sont bordées " [62].

Police.   Deux voitures dirigées l'une vers l'autre avec
des vitesses inégales et variables, s'évitant par
une manœuvre incertaine, sont exposées à se
heurter avec violence, à moins qu'elles ne s'é-
loignent beaucoup l'une de l'autre ou qu'elles
ne se ralentissent.

Si chaque voiture suivait toujours la même
rive et ne la quittait que pour tourner et devancer celle qui la précède, jamais deux attelages ne se rencontreraient en face, nul ne se
dérangerait pour celui qui voudrait le dépas-

" Voyages dans la Grande-Bretagne; M. Ch. Dupin.

ser; ainsi, les dangers, les lenteurs et le prix des transports seraient moindres.

Chaque roue résiste beaucoup plus au mouvement, et dégrade peut-être deux fois plus la chaussée, que celle qui la suit immédiatement; mais, si le sol est déprimé, sillonné d'ornières, ou seulement s'il est inégalement battu, les eaux le pénètrent, le soulèvent et l'amollissent. Ainsi, lorsque le roulage est à peu près égal sur toute la surface, la résistance des voitures, les dépenses, les difficultés de l'entretien et les entraves qu'il oppose à la circulation sont un minimum.

Les inégalités, la glutinosité et la dépressibilité des élémens de la chaussée accroissent la pénétration des eaux qui les amollissent, et les percussions, les frottemens, l'adhérence des roues qui les écrasent, les enfoncent, les usent et les déplacent : aussi plus les routes sont unies plus elles sont viables, et moins elles se dégradent; mais l'action des eaux et celle du roulage sont incessantes et se multiplient l'une par l'autre avec une extrême rapidité; ainsi, plus on met de soins et d'assiduités à entretenir la siccité, l'épaisseur, le profil et l'impé-

Entretien.

nétrabilité de la chaussée, moins le prix de sa réfection et celui de transports sont considérables.

Cantonnier,

Les ouvriers sont presque toujours occupés isolément, sans autre guide que leur intelligence ou l'habitude des ouvrages dont le siége et la nature varient comme l'état de la route et de l'atmosphère; il est impossible de prescrire , de justifier exactement l'emploi judicieux de leur temps , et l'intérêt seul fournirait la garantie de la quantité et de la perfection de leur travail.

Malgré la surveillance la plus active, les ouvriers employés à la journée manquent de zèle, d'attention et d'activité; l'ouvrage fait à leur tâche est moitié moins dispendieux; mais jamais nul ne travaille davantage, plus judicieusement et à meilleur marché que pour lui-même; ainsi, l'entretien des routes serait plus parfait et moins onéreux, si les cantonniers étaient adjudicataires et responsables [63].

Leurs travaux nécessitent du zèle, de l'attention, de l'activité, mais peu de forces;

c'est l'occupation des vieillards, des femmes, des enfans [a], et une famille suffirait ordinairement par 5,000[m] de route.

Elle amasserait chaque année près de son habitation 300,[m c] de pierrailles, et les réduirait en très-petits fragmens, pendant les intempéries et les longues soirées de l'hiver ; elle débarrasserait la chaussée des eaux, des boues et des pierres saillantes ; remplirait immédiatement les moindres dépressions ; entretiendrait les plantations ; nettoierait les fossés, etc. ; et les enfans, dressés à ce travail facile, deviendraient d'excellens ouvriers. Avec la plus légère attention au travail, la moindre lecture, le simple bon sens, le cantonnier saurait bientôt que plus la chaussée est résistante et nivelée, moins elle coûte de sueur et de matériaux. Il peut toujours atteindre ce but, et son intérêt, son amour propre lui en feraient un devoir.

La police de la route n'est pas moins importante que son entretien ; elle nécessite éga-

<hr>

[a] Angleterre.

lement par station de 5,000 ^m, au plus, un agent domicilié sur la voie publique.

VOYER, Ces deux fonctions ont un but unique, la viabilité ; elles nécessitent également l'une et l'autre une personne intéressée à les remplir à toutes les heures du jour, de la nuit, et dans toutes les saisons ; elles doivent être cumulées par un seul individu intéressé à prévenir les dégradations, profitant des amendes encourues par les contrevenans, exerçant par lui-même, et responsable envers l'État et les voyageurs de l'inobservation de ses devoirs.

Adjudicataire, L'administration adjugerait l'entretien et la police de chaque partie de route d'une longueur de 5,000 ^m au plus à un voyer, et conditionnellement à un surnuméraire fournissant l'un et l'autre un cautionnement.

Agent public, Le voyer serait un agent de l'autorité, et les faits relatifs à ses fonctions ressortiraient du maire, du juge de paix, etc.

Son habitation, L'habitation du voyer serait une propriété de l'État, construite sur une des rives de la route, suivant un plan généralement adopté pour toutes les stations ; au dehors, une inscription ostensible indiquerait la direction et la distance des lieux les plus importans; intérieurement, une salle d'asile serait incessamment ouverte à tous; elle contiendrait l'affiche des lois relatives aux routes, aux voitures, aux voyageurs, une carte routière du royaume et l'itinéraire de la localité; enfin elle fournirait au besoin un poste, une station aux soldats ou à la gendarmerie.

Le voyer porterait un uniforme ou un insigne ostensible; tous ceux qu'il en revêtirait feraient valoir ses droits, rempliraient ses devoirs et seraient avec lui solidairement responsables de leurs actions comme s'ils étaient associés.

Institué pour prévenir, arrêter ou dénoncer toutes les infractions à la loi, il serait convenablement armé pour résister aux violences exercées contre les voyageurs ou contre lui.

A l'aide d'un porte-voix et de sons convenus, il communiquerait nuit et jour avec les autres voyers. Faudrait-il arrêter un voyageur, demander secours, annoncer un fait, trans-

mettre un ordre? Aussitôt toutes les stations d'une ligne en seraient prévenues.

Sa police, Il recevrait les objets trouvés et les garderait en dépôt; il arrêterait les bestiaux sans conducteurs et tuerait les chiens errans.

Son éclairage, Il éclairerait la route près de son habitation, dans les montagnes, les détours, les endroits en réfections et sur les obstacles.

Son entretien, Il opérerait l'approvisionnement et l'entretien de toutes les parties de la route, conformément à l'état des lieux et aux cahiers des charges qu'il aurait reconnus et consentis à l'adjudication.

Son registre, Le voyer inscrirait journellement sur un registre à pagination légalisée les circonstances des faits parvenus à sa connaissance, il y recevrait la déclaration des voyageurs sur la viabilité de la chaussée, sur la police de la route, sur les contraventions, les accidens, les délits, les crimes dont ils auraient connaissance.

Sa responsabilité, Son traitement serait le prix de l'exécution de ses engagemens; et son cautionnement en serait la garantie: si la chaussée, les fossés, les

égouts, les plantations étaient mal entrete-
nus; si la police n'était pas rigoureusement
exercée, l'État sévirait contre lui; si les imperfections de la chaussée ou le défaut de
surveillance occasionaient quelques dommages à la voiture, aux animaux, à la personne d'un voyageur, ou le retardait, il
obtiendrait amiablement ou par l'intervention
des tribunaux une indemnité convenable « [64].

Mais aussi, outre le prix de son adjudication, le voyer recevrait le montant des amendes
encourues pour les contraventions dont il aurait dressé procès-verbal.

Tous les contribuables n'occasionent pas
la même quantité de transports, ils ne voya-
gent pas sur des chaussées également bonnes;
et cependant ils concourent tous dans les
mêmes rapports à la construction et à l'entretien des routes [65].

Le voyageur doit payer la viabilité dont il
jouit, mais le voyer doit fournir la viabilité
qu'on lui paie; toute législation qui ne sa-

DU PÉAGE.

― ― ― ― ―

« Législation anglaise.

tisfait pas à ces deux conditions est une ini-
quité.

Aussi serait-il bien équitable, et conséquemment bien profitable à la nation, que le
voyageur qui jouit de la route payât immédiatement au voyer qui l'entretient.

Ils exigeraient impérieusement : celui-ci la
conservation de la chaussée, celui-là sa réfection ; et le conflit de leurs intérêts, opposés
en apparence, profiterait à l'intérêt général.

Une bonne législation réformerait les voitures et les routes, et réduirait de plus d'un
quart le prix des transports et celui de l'entretien des chaussées [66].

Les dégradations produites sur les chaussées par des roues chargées de 3oo à 1ooo ^{kg}
sont entre elles : : 1 : 7, en supposant les
autres circonstances égales; mais pour peu
qu'elles varient, les rapports s'accroissent ou
deviennent inverses; il faudrait donc que les
voitures fussent taxées, relativement à leur
hauteur, à leur largeur, au mode de suspension, etc., et que les prix ou les poids chan-
geassent avec les saisons, ce qui équivaudrait

à la prohibition de tous les gros équipages.

L'influence du roulage, des localités, et de la constitution des chaussées est si variable que, suivant le mode actuel de réparation, les dépenses sont de 3oo à 3,000 ^{f} [67]; mais les dégradations sont à peu près relatives à la manière d'être et au nombre des voitures, et rien n'est plus facile que de régler la perception sur la fréquence et l'intensité de leurs effets.

Notre ancienne législation et celle des nations voisines prouvent évidemment que la perception de o ^{f} o5 par bête de somme ou de selle, et de o ^{f} 10 par bête de trait suffirait à l'entretien de 5,ooo ^{m} de chaussée en cailloutis [68].

La perception des péages nécessite une population d'employés oisifs ou d'adjudicataires; le second des deux moyens est bien préférable au premier, mais ils sont dispendieux l'un et l'autre.

Le produit de la route la moins fréquentée suffirait à son entretien et à celui de la famille qui en serait chargée; et, pour une circulation double, les dégradations de la chaussée, les soins de police et de perception ne seraient pas deux fois plus considérables.

Il faudrait céder au voyer le soin et le bénéfice de la taxe à percevoir par 5,000 ^{m} sur les voitures et les moteurs. L'adjudicataire serait responsable envers l'État et le public de la viabilité, de la sûreté de la route, de la répression des délits ; et le voyageur paierait directement le prix de ces avantages.

Le cessionnaire de plusieurs myriamètres de chaussée serait forcé de confier à des employés le choix, l'acquisition, le transport et le cassage des matériaux ; l'entretien, la police et la perception de la route : il remplirait moins bien ses devoirs, il dépenserait plus et recevrait moins que le voyer.

Les sociétés puissantes, mal servies et vexatoires par leurs subalternes ; les commissions cantonnales, apathiques et ignorantes paraliseraient les efforts de l'administration, et se joueraient des intérêts et des réclamations des voyageurs [69].

On affermerait toutes les routes pour lesquelles il se présenterait un adjudicataire, et l'on abandonnerait le soin des autres aux communes : de là résulterait une division naturelle des routes en nationales et en communales; les chaussées auraient toutes 8^m,ooo de largeur; car qui sait si une route à peu près déserte aujourd'hui ne sera bientôt beaucoup plus fréquentée?

Les abords, la traversée même des villes, seraient donnés à bail, à moins que le conseil municipal préférât se dispenser du droit de péage en les entretenant à ses frais ; et alors la population serait adjudicataire et responsable. Le conseil choisirait entre les moyens à sa disposition, et l'adjudication avec taxe et indemnité pourrait être faite par la commune; mais, dans tous les cas, le mode et la quantité de perceptions seraient les mêmes que ceux fixés par l'État.

La commune entretiendrait toutes les routes qui lui sont utiles, et contraindrait à les réparer ou à payer une certaine somme ceux qui les dégradent plus particulièrement [a].

Les corvées sont productives dans les

[a] Loi du 28 juillet 1824.

petites républiques et sous les gouvernemens despotiques où l'on professe l'égalité d'indépendance ou de servitude ; mais elles sont opposées à nos mœurs et à nos opinions.

Quelques individus par commune dégradent beaucoup plus la route à eux seuls que le reste de la population. La loi, qui prescrit à tous un égal concours à la réfection des chaussées , est une injustice ; et la conscience des hommes est plus forte que la loi.

Pour que les corvées produisissent tout l'effet désirable , il faudrait que les travailleurs eussent les connaissances, le zèle, l'attention et l'activité nécessaires ; ou du moins que l'un d'eux pût exiger de chacun une quantité de travail relative à ses forces ; et c'est absolument impossible.

Les communes possèdent bien rarement dans les corvéables des individus capables de tracer, de conduire et d'exécuter convenablement ces sortes de travaux ; et quand même il s'en rencontrerait par hasard , ils n'ont aucun caractère pour commander à la multitude.

L'entretien serait plus facile, mais il nécessite pendant toute l'année l'aptitude constante
des mêmes individus, et les corvées ne les
fournissent pas.

Il faudrait faire tracer les routes communales par un ingénieur ; mettre le travail en
adjudication ; et assigner une petite étendue
d'entretien à chaque pauvre valide de la commune. Les vieillards, les veuves, les enfans
rendraient de grands services, et y gagneraient eux-mêmes 7°.

L'adjudication de l'entretien des chemins,
faite avec l'argent des contribuables, fournirait une masse de travaux à ceux qui, par état
et par aptitude, voudraient s'y occuper ; ils y
gagneraient, car ils recevraient plus qu'ils
n'auraient donné.

Les sommes fournies par cette contribution
substituée aux corvées, produiraient, à dépense égale, une force utile au moins double,
beaucoup mieux employée, et qui suffirait à
la réfection de nos chemins communaux.

L'entretien des routes nationales serait à la
charge des voyageurs, et le produit des adju-

dications, joint aux fonds alloués chaque année, excéderait de beaucoup les dépenses d'établissement des routes, des ponts et des autres ouvrages.

CONCLUSION.

Les causes de la résistance du sol à la progression des voitures sont : les rampes, les inégalités, la dépressibilité, l'inclinaison latérale et la glutinosité des chaussées; l'insuffisance d'allocation, de police, d'entretien; et enfin la paresse, l'ignorance et l'incapacité des ouvriers.

Il faut donc, autant que possible, construire la route droite, horizontale, plane, résistante, unie et sèche; imposer le prix de son entretien aux voyageurs, et confier sa police, ses travaux et sa perception à un voyer dont le bien-être dépendît absolument de la viabilité.

Voici les moyens d'atteindre ce but : Adopter le tracé occasionant aux voitures la moindre quantité de résistance; élever la chaussée sur le sol naturel ; la constituer en pierrailles insolubles, également résistantes, et très-divisées ; la construire sur une largeur de 6^m, ooo, et sur une épaisseur de o^m, 5oo environ; la saturer de mortiers ou de détritus; et la contenir entre deux bermes de 1^m, ooo de largeur à la surface; incliner le profil de la route de $\frac{1}{20}$ au plus, vers la pente naturelle, et, s'il se peut, vers les deux rives; renverser les arbres, les haies, les constructions, et placer sur chaque berme un rang d'arbres pyramidaux très-éloignés les uns des autres, ou mieux un bornage très-rapproché. Entretenir l'épaisseur de la chaussée; niveler incessamment les aspérités et les dépressions; diriger à droite chaque voiture à moins qu'elle n'en dépasse une autre; interdire les lourds chargemens; déblayer, éclairer, garder la route; faire payer immédiatement l'entretien de la chaussée par celui qui la dégrade à celui qui la répare; et, enfin, rendre le voyageur et le voyer responsables l'un envers l'autre des infractions à leurs devoirs mutuels.

NOTES.

1.

La jante agit comme un rouleau : sa résistance sur le sol est directement relative à son poids, et inverse de son diamètre.

Résistance des roues relativement à leur diamètre.

DIAMÈTRE	PAVÉS.		CAILLOUTIS.	
	PLATS.	ARRONDIS.	BONS.	MAUVAIS.
M.	kg.	kg.	kg.	kg.
0, 500	19.	3o.	20.	36.
1, 000	11.	18.	12.	22.
2, 000	7.	1o.	8.	12.

2

Grandes,

L'effort des chevaux, la percussion des roues successivement contre l'obstacle, sur le sol; et, par suite, les dégradations de la chaussée, la dislocation des équipages et la fatigue des moteurs sont inverses du diamètre des roues.

Efforts nécessaires à franchir des obstacles de différentes hauteurs.

DIAMÈTRE. DES ROUES.	RÉSISTANCE SUR UN OBSTACLE.	
	DE 0^m, 100.	DE 0^m, 0 50.
m	kg.	kg.
1, 000	33.	21.
2, 000	21.	15.

Les grandes roues franchissent les obstacles et les dépressions avec beaucoup plus de facilité que les autres ; elles sont préférables sur les mauvais chemins ; mais, dans les circonstances opposées, les roues basses, plus fortes, plus rondes, plus légères et plus commodes, valent infiniment mieux.

Voir le tableau des expériences de M. Storrs Fry.

3.

Les Russes emploient, dans les mauvais chemins, une charrette dont les roues ont 2^{m}500 de diamètre; mais partout ailleurs ils préfèrent les chariots légers.

Dans les pays de montagnes, les roues ont à peine 1^m 250 de diamètre, et l'avantage de ces proportions relativement à des chevaux de taille ordinaire, est également justifié par la théorie et par l'expérience.

Ces petits chars sont, il est vrai, moins roulans que les charrettes françaises, italiennes, belges, dont les roues sont plus élevées, et surtout que les chariots allemands; mais les portées ou les fusées coniques de leurs essieux de bois sont trois fois plus grosses que celles des essieux en fer; elles tournent sur des coussinets ou des boîtes de bois, et leurs roues sont informes et très-grossières.

Petites,

4.

Influence des roues inclinées sur le tirage.

Inclinées,

ESSIEUX.	PAVÉS.		CAILLOUTIS.	
	PLATS.	ARRONDIS.	BONS.	MAUVAIS.
Droit.	kg. 11.	kg. 18.	kg. 12.	kg. 22.
Coudé à 20°	13.	22.	14.	27.

Si l'on coude l'essieu pour incliner les roues en dehors, la résistance de la voiture est accrue de 4 ou 5 kg.

8*

5.

Influence de la forme des jantes.

ROUES.	PAVÉS.		CAILLOUTIS.	
	PLATS.	ARRONDIS.	BONS.	MAUVAIS.
	kg.	kg	kg.	kg.
Cylindrique.	11.	18.	12.	22.
Conique.	17.	25.	14.	30.

Les jantes coniques accroissent de 8^{kg} ooo au moins la résistance des voitures.

Voir la table des expériences faites par Cumming.

6.

Cylindriques,

Détritus produits par ces roues sur une route dallée recouverte de fragmens de grès.

ROUES.	DIRIGÉES		
	DIRECTEMENT.	EN DEDANS.	EN DEHORS.
	kg.	kg	kg.
Cylindrique.	1, ooo	3, 275.	3, 275
Inclinée.	1, 575	2, ooo.	1, 575
Conique.	3, ooo	5, 750.	2, ooo

Les roues inclinées et coniques usent beaucoup plus les routes que les roues cylindriques.

Voir la table des expériences de M. Edgeworth.

Les roues cylindriques sont les seules qui roulent en ligne droite; ainsi, le cercle et la boîte de la roue, les fusées de l'essieu, doivent être cylindriques.

Storrs Fry.

7.

Influence de la largeur des jantes sur le tirage.

LARGEUR DES JANTES.	TERRES ARGILEUSES.		PAVÉ BIEN ENTRETENU.
	HUMIDES.	SÈCHES.	
m.	kg.	kg.	kg.
0, 050	18.	16.	13.
0, 100	16.	13.	11.
0, 200	19.	12.	11.

La largeur des jantes est nuisible sur les terres collantes, inutile sur les pavés et les boues liquides, profitable sur les terres sèches ou sur les cailloutis ; mais il faut accroître le nombre des roues ou mieux encore diviser les fardeaux sur plusieurs voitures, plutôt que d'élargir les jantes au-delà de 0^m, 100.

Le système actuel des roues à jantes larges est faux et nuisible : une roue de 9^{pouc} presse rarement le sol sur une largeur de plus de 3^{pouc}

8.

Leur nombre,

Le principe de la proportionnalité de la pression et du frottement est une erreur; la résistance des transports s'accroît bien plus rapidement que leur pesanteur.

9.

La résistance est relative au genre, au degré d'exécution et d'entretien de la machine et de la chaussée; elle varie avec la vitesse et la pesanteur de la voiture; mais elle s'accroît toujours plus rapidement qu'eux.

Voir les formules de Gerstner.

Le frottement des essieux augmente, en général, dans un rapport beaucoup plus grand que celui du poids de la voiture.

La résistance diminue à mesure qu'on accroît le nombre des roues.

Voir les tableaux des expériences de Storrs Fry.

10.

Roues en charpente,

Les roues pleines et à traverses sont en usage dans plusieurs contrées de l'Europe, en Asie et sur la côte d'Afrique; leurs formes, leurs proportions varient suivant les localités; elles tournent, soit isolément, soit avec l'essieu en bois sur lequel elles sont montées; elles sont garanties des frottemens du sol par des bandes en bois ou par des clous à grosse tête fixés à leur circonférence, et sont très-économiques; mais elles sont fragiles, massives, lourdes; et se déforment dans le sens

transversal du bois, suivant les alternatives de sécheresse
et d'humidité.

Les roues à moyeu, à rais et à jante en bois, ferrées
d'un cercle ou de bandes à la circonférence et d'une
boîte au moyeu, sont bien plus fortes, plus légères et
plus durables que celles en charpente. Elles sont décrites
dans les plus anciens monumens de l'esprit humain, avec
toutes les perfections que nous leur donnons aujour-
d'hui.

Les rais également espacés et tendant tous vers le
centre sont inclinés à l'essieu dans la même direction,
d'un même nombre de degrés ; et cette disposition fait la
force de la roue.

Les rais implantés dans le moyeu alternativement sur
deux lignes différentes ne résistent pas sensiblement plus
que les autres, lors même qu'on les oppose deux à deux
de manière à former un triangle dont le moyeu est la
base et dont la jante est le sommet.

La jante en bois de fil plié en rond est très-solide et
très-légère ; mais elle se déforme plus que les autres.
Elle est usitée dans quelques parties de l'Europe, et fut
vainement introduite à Paris en 1783 et en 1822.

Le cercle fixé autour de la jante par des boulons à
tête fraisée l'empêche de se désunir ; de céder aux efforts
latéraux ; et la préserve des frottemens de la chaussée ;
il est préférable aux bandes grossières dont on garnit
encore les roues. Les joints de ces ferremens et les têtes

saillantes des clous qui les fixent sur le bois sont préjudiciables aux chaussées et aux chevaux.

En fer. La jante toute en fer est lourde, élastique et cassante; on ne peut l'assembler aux rais qu'avec des frettes et des clous fraisés, disposition qui ne convient que pour les très-petits équipages.

Moyeu en fer. Les moyeux fondus, à rondelles et boulons, sont préférables à tous les autres; mais ils sont trop rarement employés pour se perfectionner.

Paris 1817. Moyeux en fonte par le baron DOYEN.

Rais en fer. L'auteur a fait construire sur les bords de l'Ourte, en 1817, des roues, les unes en fer et les autres en bois, celles-ci à rais de cordes, et celles-là à rais de fil de fer. Depuis, il a fait exécuter des roues en fer forgé, à rais leviers; ces différens modèles, qu'il possède encore, sont très-solides et très-légers; mais leur élasticité accroît la résistance.

Paris 1828. Roues à doubles rais en fer par M. FOUCAULT.

Roues en fer. Des expériences comparatives, faites à l'arsenal royal de Voolwich, comté de Kent, sur les roues en bois et sur celles en fer de M. Jones, ont démontré l'avantage de ces dernières pour l'usage de l'artillerie.

En fonte. Les roues en fonte de fer n'ont point encore été employées avec succès sur les chaussées ordinaires.

11.

Essieu droit, Les roues à essieu coudé éprouvent un tremblement qui les déboîte, accroît la résistance et détruit la chaussée ; l'axe de l'essieu devrait être absolument droit.

Edgeworth.

Mémoires et voitures de Rumfort.

12.

Lorsque l'essieu est solidaire aux roues, il reste vrai centre avec elles, quoiqu'il use les boîtes grossières dans lesquelles il tourne ; mais, s'il est immobile, les fusées s'élargissent irrégulièrement et la progression des roues est ondulatoire comme si elles étaient ovales.

Edgeworth.

Effets des essieux tournans.

Essieux tournans,

ESSIEUX.	SUR LES PAVÉS.		SUR LES CAILLOUTIS.	
	PLATS.	RONDS.	BONS.	MAUVAIS.
	kg.	kg.	kg.	kg.
horizontal fixe.	11.	18.	12.	22.
———— tourn.	10.	16	11.	21.
Incliné fixe.	16.	22.	16.	27.
*———— tourn.	12.	18.	14.	22.

Les essieux tournans diminuent beaucoup la résistance, particulièrement sur les mauvais chemins ferrés.

La charrette de vieille Castille, et la plupart de celles des montagnes d'Espagne sont posées sur un essieu de bois rond dans les échancrures du train, carré dans les boîtes, et solidaire aux roues ; ces mobiles de 0^m 800 à 1^m 200 de

En bois ;

---

* Essieu double de M. Moland.

diamètre et de 0_m100 de largeur, sont composés de pièces d'assemblage unies par des traverses, mais sans rais, sans moyeux et sans cercles; quelques unes seulement sont garnies de bandes ou recouvertes de clous à grosse tête carrée, très-rapprochés les uns des autres.

L'*inside car* d'Irlande, de Munster et de Kilkenny; la charrette d'Écosse, de Westmoreland diffèrent fort peu de ces modèles.

13.

Fusées.

Les Russes assemblent souvent à l'extrémité des fusées une barre inflexible attachée par l'autre bout sur le haut de la ridelle, ou sous le lisoir : le premier moyen reporte une partie de la charge en dehors des roues ; le second les défend du choc des objets élevés ; et tous deux entretiennent la rectitude de leur progression.

Les Irlandais font usage d'une charrette (*outside car*) beaucoup plus large sur l'arrière qu'à l'extrémité des limons ; elle repose sur deux goujons de fer chassés dans un essieu de bois solidaire à des roues d'assemblage de la plus mauvaise exécution et plus basses que celles de l'*inside car*. Les Suédois emploient une voiture du même genre, moins ingénieuse, mais bien plus soigneusement exécutée : ces modèles les plus légers, les plus économiques et les plus commodes, ont l'inconvénient grave, mais facile à prévenir, de coussinets en bois et de mauvaises roues solidaires à l'essieu, qui doublent le tirage et la dégradation des chemins.

14.

Lorsque la fusée et la boîte ont peu de diamètre et

de longueur ou que le chargement est excessif, les huiles ne fonctionnent plus comme des rouleaux, mais seulement comme le savon.

Les Anglais emploient l'huile d'olive ; ils tournent et ils ajustent leurs fusées et leurs boîtes avec beaucoup de soin ; il faudrait qu'elles fussent cylindriques et que l'essieu n'eût point d'obliquité.

15.

Les tonnes en bois roulent très-bien sur les mauvaises routes ; elles ne dégradent point celles qui sont en bon état ; mais, elles résistent fort mal sur les pierrailles nouvellement étendues ; elles seraient plus roulantes et plus économiques si elles étaient construites en tôle et garnies à l'arrière d'un petit grattoir tranchant placé à quelques millimètres et au dessous de la traverse des brancards.

Tonne
américaine.

M. Bosc décrit ainsi les tonnes américaines :

Les denrées que l'on veut transporter sont mises dans des barriques construites exprès et fortement cerclées. Ces barriques ressemblent, pour leur capacité, à celles de Bordeaux. A la barre de chaque fond est cloué un morceau de bois dur, noyer ou chêne blanc, percé d'un trou de deux pouces de diamètre, qui correspond à un trou de même grandeur pratiqué dans les brancards, lesquels sont composés de deux perches liées par des traverses, l'une en arrière et l'autre en avant du tonneau. C'est sur les boulons de fer qui entrent dans ces trous que tourne la barrique lorsqu'elle est traînée par un cheval.

Toutes les denrées qui peuvent être pressées dans

une barrique de manière à ne pas ballotter en tournant, sont ainsi transportées des extrémités des Carolines, de la Virginie et de la Géorgie, dans le port de Charleston. Je voyais, chaque jour d'hiver, pendant mon séjour dans cette ville, passer sous mes fenêtres plusieurs centaines de barriques de tabac destinées à l'exportation.

Cette manière de transporter les denrées, présente dans le pays en question les avantages suivans :

1° Il y a peu de frottement sur les boulons qui remplacent l'essieu, et par conséquent un cheval peut traîner le double de ce qu'il traînerait sur une charrette ;

2° Les chemins, à peine tracés, offrent souvent des ornières très-profondes qui ne se réparent qu'une fois l'an, et les barriques passent par-dessus ;

3° L'économie et la solidité des barriques construites dans les habitations là où le bois n'a pas de valeur et peut être choisi.

Les inconvéniens de cette méthode se réduisent à la possibilité qu'il se trouve dans la barrique des fentes qui laissent pénétrer l'eau, et que la boue s'attache à la surface, laquelle demande à être souvent enlevée avec une petite pelle de bois.

Lorsque les cercles cassent, ils sont de suite remplacés par le conducteur, qui est pourvu à cet effet d'une petite hache et de quelques outils.

Je ne crois pas que ce moyen de transport soit dans le cas d'être en France préféré à celui du roulage, à raison de nos routes ferrées et pavées ; de la cherté du bois ; de la difficulté de réparer une avarie arrivée loin d'un village où il se trouve un tonnelier, de la nécessité de n'ouvrir la barrique qu'au lieu de l'arrivée; mais il peut être utilisé pour transporter de l'eau dans les lieux où il n'y en a pas, soit pour la boisson des hommes et des animaux, soit pour les arrosemens des jardins, des prairies, des plantations, etc. etc.; alors on pourrait cercler la barrique en fer, ce qui devient fort économique, depuis que les tréfileries se sont multipliées dans l'est de la France.

Quant aux vins, ils ne peuvent faire de voyages de plus d'un jour dans ces barriques, à raison du grand mouvement qu'ils y reçoivent et qui accélère leur altération.

16.

M. le comte de Tiville a fait construire une tonne, *Tonne à roue.* traversée par un essieu tournant, avec elle et facultativement avec les roues qui le soutiennent; cette ingénieuse machine est propre au transport de l'eau et des fluides imparfaits : elle est en usage dans le corps des sapeurs-pompiers de la ville de Paris.

17.

L'hypaxon est composé de deux roues, de 2^m 000 *Hypaxon.* de diamètre; d'un essieu de 2^m 000 aussi de long, et tournant facultativement avec elles; de deux brancards assemblés par une traverse et fixés sur l'essieu; et enfin, d'un plateau suspendu dessous à l'aide de tringles, de chaînes en fer ou de cordes.

On diminue les frottemens par deux poulies fixées à la caisse, et suspendues sous l'essieu par des sangles sans fin.

Le placement des ressorts sur les brancards, sous l'essieu, sous la caisse, est très-facile.

Si les tirans sont fixés sur le train un peu en arrière de l'essieu, le mouvement vertical des brancards soulève et repose sur le sol les plus lourds fardeaux.

Camion,

L'enrayoir est placé sur l'avant des brancards.

Le tombereau de Perronnet est une application de ce système.

Charrette belge,

La charrette belge est construite d'après les mêmes principes que celles de France et d'Italie, mais au lieu d'un plateau solide, elle est foncée d'une grande claie, soutenue par des chaînes pendantes, transversalement d'un brancard à l'autre; l'abaissement du centre de gravité est favorable au chargement, à la stabilité de l'équipage, à la conservation de la route et à l'effet utile des moteurs.

Malle-poste.

Si l'on articule au milieu de l'essieu une barre inflexible, et que l'on fixe une malle, un contrepoids à l'une de ses extrémités vers le sol, et un siége à l'autre bout sur l'essieu; le voyageur n'est point affecté des secousses des roues et des brancards.

Ce mode de transport est le plus simple, le plus économique, le plus commode et le plus sûr; il est aussi le plus favorable à la conservation des moteurs, des marchandises et des chemins.

18.

Nombre des trains.

Brevet d'invention obtenu en France par M. Juillon-Comperat, en juillet 1834, pour un nouveau système de voiture à une seule roue, principalement applicable aux cabriolets et aux tilburys.

Strasbourg, 1828. Avant-trains à charnières par M. Baïr.

Description des voitures à six et à huit roues, par M. Edgeworth.

Résistance des voitures, relativement au nombre de leurs roues (par Storrs-Fry).

	HAUTEUR DES ROUÉS.		POIDS DE CHAQUE ROUE SUR LA ROUTE.	POIDS ÉGAL à la résistance éprouvée par une roue qui rencontre un obstacle de	
	pieds	p.	QUINT.	3 pces. LIVRES.	1 pce 1/2
Chariot à 2 roues.	4	8	24	1355	916
Chariot à 4 roues.					
Roues de derrière.	3	4	12	833	552
Roues de devant.	4	8	12	677 1/2	458
Chariot à 6 roues. Les roues ayant toutes la même hauteur.	3	4	8	555	368
Chariot à 8 roues. Les roues ayant toutes la même hauteur.	2	8	6	482	313

La résistance est inverse du nombre des roues; mais il vaut mieux diviser les fardeaux que d'augmenter le nombre des mobiles.

19.

Une longue pratique a prouvé que trois bons chevaux ordinaires, peuvent tirer un tonneau (2,000 livres) de plus, sur une voiture à quatre roues, que sur une voiture à deux roues, et non seulement en chaussée horizontale unie, mais encore sur les routes en montagne.

M. Cordier, Storrs-Fry.

20.

Voitures longues. Le tableau des expériences de Edgeworth, sur la résistance des trains courts et longs, prouvent les avantages de ceux-ci sur les autres.

Étroites. Insensiblement la voie des voitures diminuera, et la largeur des rues et des chaussées, se trouvera relativement accrue; si la longueur des essieux était de $1^m,250$, et la largeur des routes $8^m,000$, le prix de la viabilité serait beaucoup moindre.

21.

Basses. Que l'on préserverait d'existences et surtout de bras et de jambes, si le public était bien convaincu que l'élévation et le raccourcissement d'une voiture n'influent pas de la valeur d'un cheveu sur la vélocité ou sur la facilité de son tirage !... Si cette conviction pouvait une fois s'établir, il y aurait lieu d'espérer que la législature, par son intervention, protégerait enfin les voyageurs contre les effets homicides d'un si absurde préjugé. (Edgeworth.)

Hauteur moyenne du chargement de diverses voitures.

VÉHICULES.	A 1 CHEVAL.	A 4 CHEVAUX.
	m.	m.
Tonnes.	0,500.	» »
Hypaxons.	0,800.	1,000.
Charrettes.	1,500.	2,250.
Chariots.	1,250.	2,250.

Le bagage, placé directement sur l'essieu à hauteur des pieds des voyageurs, soit dans le siége, soit à l'avant ou à l'arrière, n'exerce pas de tangage et de roulis sur les ressorts; ainsi, les chevaux se fatiguent moins, la route se conserve mieux, la voiture ne peut verser.

Position du bagage.

22.

Pesanteur des voitures.

Poids des voitures,

VÉHICULES.	A 1 CHEVAL.	A 4 CHEVAUX.
	KG.	KG.
Tonnes roulantes.	3o.	»
Hypaxons.	15o.	7oo.
Charrettes.	2oo.	9oo.
Chariots.	24o.	15oo.

23.

Pesanteur des chargemens.

Du chargement.

VÉHICULES.	A 1 CHEVAL.	A 4 CHEVAUX.
	KG.	KG.
Tonnes roulantes.	125o.	»
Hypaxons.	11oo.	36oo.
Charrettes.	1ooo.	35oo.
Chariots.	1ooo.	35oo.

24.

Son influence.

Voir les expériences faites par MM. Perronnet, Gauthey et Rondelet, et les tableaux de M. Cordier sur la dureté et sur la résistance des matériaux qui servent à la construction des routes en France.

Table de la pression exercée sur le sol, par roue et par centimètre carré, suivant le genre de voiture.

VÉHICULES.	ROUES.			SURFACE D'IMPRESSION.	POIDS TOTAL.	PRESSION.	
	NOMBRE.	DIAMÈTRE.	LARGEUR.			PAR CENTIM. CARRÉ.	PAR JANTES.
	M.	M.	M.	G.	KG.	KG.	KG.
BARRIQUES TOURNANTES.	»	»	»	»	1280	»	»
HYPAXONS A UN CHEVAL.	2	2	0,10	0,400	1250	3,125	625
CHARRETTES A UN CHEVAL.	2	1,60	0,08	0,256	1200	5,773	600
CHARIOTS A UN CHEVAL.	4	1,20	0,06	0,288	1240	3,472	310
CHARRETTES A 4 CHEVAUX.	2	200	0,17	0,680	4400	5,147	2200
CHARIOTS A 4 CHEVAUX.	4	1,30	0,17	0,884	5000	3,959	1250

25.

Petits chariots.

Telle pierre qui résiste successivement à l'effort de la jante de 1000 petits chariots, sera broyée sous la roue d'une lourde charrette. Ce n'est pas la fréquence, mais l'intensité de la pression et de la percussion qui détruit les routes.

MM. Coulomb, Storrs-Fry, Edgeworth, Cordier.

26.

Un cheval ordinaire, attelé à une voiture à quatre roues, du poids de 800 liv., chargée de 1600 liv., tirerait précisément le même poids net que chacun des dix chevaux attelés à nos lourds fourgons, et les routes n'auraient jamais à supporter pour chaque roue un poids excédant 600 liv.; la seule objection qu'on puisse faire à ce système, c'est qu'il faudrait un homme pour chaque voiture; mais s'il était adopté, les routes dureraient non seulement dix fois, mais cent fois plus que maintenant. Des voitures ainsi construites ne devraient être assujetties qu'au plus faible péage possible.

Storrs-Fry, M. Cordier.

Dans presque toute l'Europe, les convois de chariots ou des charrettes sont à un ou deux chevaux, et jamais on n'emploie plus d'un homme pour quatre ou cinq voitures.

Espace nécessaire à tourner.

VÉHICULES.	A 1 CHEVAL.		A 4 CHEVAUX.	
	M.		M.	
Tonnes.	4,	000	»	»
Hypaxons.	5,	000	6,	»
Charrettes.	5,	500	10,	»
Chariots.	8,	000	10,	»

27.

DES RESSORTS. *Effets des ressorts sur la résistance à différentes vitesses sur une chaussée en vieux pavés très-arrondis.*

VITESSE.	RESSORTS ARRÊTÉS.	RESSORTS LIBRES.
M.	KG.	KG.
1.	18.	17.
2.	27.	24.
3.	38.	32.
4.	51.	41.
5.	66.	51.

Au pas, les ressorts diminuent l'effort du cheval de 1 ^{kg}, et au grand trot de 15.

Effets des ressorts sur différentes routes.

VITESSE.	RESSORTS.	PAVÉS		CAILLOUTIS	
		PLATS.	ARRONDIS	BONS.	MAUVAIS.
M.		KG.	KG.	kg.	kg.
1.	arrêtés.	11.	18.	12.	22.
1.	libres.	11.	17.	12.	20.
5.	arrêtés.	45.	66.	42.	76.
5.	libres.	40.	51.	39.	59.

Au trot, les ressorts diminuent l'effort du cheval sur le bon pavé, de 5^{kg} ; et sur du mauvais cailloutis, de 17.

Voir la table des expériences de Edgeworth constatant les avantages des ressorts.

Un cheval traîne un plus grand poids de fourrage, de laine, de coton, etc., que de métal, de pierre, etc.; quoique l'impression de l'air et les commotions latérales soient beaucoup plus considérables dans le premier cas : la différence résulte de l'élasticité des couches inférieures.

28.

Les sédioles dont les roues ont 2$^{m.}$ooo de hauteur sont traînés avec une vélocité extrême par les petits chevaux de l'Italie. Ce roulage léger dépose en faveur d'un tirage parallèle au sol.

Voir la définition du tirage par tous les auteurs anglais.

29.

L'enrayoir peut être pressé sur la roue toutes les fois que le cheval retient, soit par deux cordons venant de l'avaloir, soit par les brancards de l'avant-train glissant sur l'essieu.

Paris, 1827, enrayage à levier mobile. M. Becasse.

30.

Un bon cheval, chargé de son cavalier (environ 80^{kg}), peut parcourir journellement, en sept ou huit heures, 40$^{km.}$

La charge ordinaire d'un cheval est de 100 à 150 ^{kg}, suivant sa force ; *l'effet utile journalier* peut être évalué 4,000 ^{kg}, transportés à 1 kilomètre lorsqu'il marche sur un chemin horizontal.

De somme,

Le transport à dos est beaucoup moins avantageux que celui qui se fait au moyen des charrettes, et il est très-fatigant pour les chevaux ; on s'en sert surtout pour traverser les pays de montagnes où il n'existe pas de grandes routes : le mulet qui ne diffère guère du cheval, paraît plus propre à ce genre de travail, parce qu'il est plus patient et quelquefois aussi plus robuste.

Gueniveau.

Chevaux de somme.

| DURÉE | TRAJET | | EFFET UTILE | |
DU TRAVAIL.	PAR SECONDES.	PAR JOUR.	INSTANTANÉ.	JOURNALIER.
h. 8.	M. 1. 138.	KM. 40.	KG. 80.	dynam. 3,200.

31.

rampe,

M. Guillebaud, de Nantes, est auteur d'une application fort ingénieuse du plan incliné décrit par Borgnis ;

cette machine est employée à recevoir l'effort du tirage et du poids des chevaux sur un bateau construit pour la Loire et pour l'Erdre.

On a construit, il y a quelques années à Paris, une diligence dont les chevaux marchaient sur un plan incliné.

Dans le Levant et dans presque toute l'Europe, les tympans transmettent la force des hommes et des chiens aux treuils, aux maillets, aux pompes, aux meules, aux soufflets, etc. L'auteur l'emploie à réaliser la puissance motrice des troupeaux.

De tympan,

Chevaux sur les plans mobiles articulés.

DURÉE	TRAJET		EFFET UTILE	
DU				
TRAVAIL.	PAR SECONDES.	PAR JOUR.	INSTANTANÉ.	JOURNALIER.
h. 6.	m. 1, 111.	km. 24.	kg. 40.	dynam. 960.

32.

L'effet utile journalier des chevaux de manége serait plus considérable si l'on épuisait leurs forces, non pas en quatre, mais en huit heures; il faudrait bien changer les rapports des leviers en ralentissant les moteurs.

De manége,

La vitesse moyenne des chevaux est de 2 à 3ᵐ par se-
condes, et l'effort qu'ils exercent ne doit pas être évalué au dessus de 80 ou 85 ᵏᵍ. L'effet utile journalier me
paraît être environ 1,500 ᵏᵍ élevés à 1 ᵏᵐ.

M. Gueniveau regrette que le bœuf n'ait point été employé comme le cheval et l'âne à mouvoir les manéges.

C'est une erreur : il existe beaucoup de manéges à bœufs :
les Arabes, les Égyptiens en ont de temps immémorial ;
les Romains les employaient long-temps avant l'ère
chrétienne à tourner les roues à palettes de certains na-
vires (Liburne). Les moulins à l'huile d'Ionie, de la
Mer-Noire, de Tehama en Yemen, des Maronites, etc.

Chevaux de manége.

DURÉE DU TRAVAIL.	TRAJET		EFFET UTILE	
	PAR SECONDE.	PAR JOUR.	INSTANTANÉ.	JOURNALIER.
h.	m.	km.	kg.	dynam.
4.	2 , 222.	32.	20.	640.
8.	1 , 111.	32.	30.	960.

Chevaux de halage.

de halage.

| DURÉE | TRAJET | | EFFET UTILE | |
DU TRAVAIL.	PAR SECONDE.	PAR JOUR.	INSTANTANÉ.	JOURNALIER.
h. 6.	m. $1,111$.	km. 24.	kg. 90.	dynam. $1,200$.

Voir les tableaux des quantités du travail dynamique que fournissent les différens moteurs.

Du calcul de l'effet des machines, par M Coriolis.

33.

De trait,

La charge des charrettes est de 700 à 750 ^{kg} par chaque cheval, et l'espace parcouru par jour, $38^{km},000$; l'effet utile du cheval de roulage, allant au pas, exerçant un effort de 140 ^{kg}, est de 5,000 ^{kg} transportés à $1^{km},000$.

Le cheval de relai faisant poste à l'heure parcourt par jour 34 à $38^{km},000$. Son effort est environ 90 ^{kg}, et son effet utile journalier, 3,000 ^{kg} transportés à $1^{km},000$.

Ces résultats prouvent l'influence du temps sur l'effet utile journalier des chevaux; il y a donc un avantage mécanique considérable à ne faire marcher qu'au pas les chevaux qui exercent un effort de traction, ainsi que le pratiquent les rouliers, et l'on y trouvera encore celui de la conservation des chevaux.

M. Gueniveau.

Voici les évaluations données par divers physiciens et mécaniciens anglais, de la puissance d'un bon cheval de trait, allant au pas, et travaillant huit heures par jour :

Watt.	150 livres.
Desaguiliers.	140
Tredgold.	125
N. Wood.	115
Sméaton.	112
Nicholson.	110
S. Moor.	108
Grégory.	93
Fennvich.	75
Bévan.	80
Moyenne.	100 livres.

La livre (pound), $0^{kg},45$, la moyenne est $49^{kg}86$, ou sensiblement 50^{kg} ; de sorte qu'avec cette puissance et une vitesse de $4^{km},000$ par heure, un bon cheval de trait peut fournir 200 dynamies par heure ou 1600 par jour (1^m d'eau, $1,000^{kg}$ élevés à $1^{m.}000$.).

Mais on ne doit point perdre de vue que ce résultat est spécialement relatif à une vitesse de $4^{km},000$ par heure, et au cas où le tirage se fait horizontalement ; de sorte qu'il diminue rapidement avec l'augmentation de la vitesse et l'inclinaison du sol.

Tredgold évalue la force totale d'un cheval à 250 [liv.] dont la moitié est employée à mouvoir son propre poids, et dont l'autre moitié peut être utilisée comme moteur; il admet en outre, que la vitesse correspondante au maximum d'effet utile du cheval est la moitié de la plus grande vitesse qu'il est capable de prendre dans chaque circonstance, et il estime que cette plus grande vitesse pour un cheval chargé, travaillant six heures par jour et plusieurs jours de suite, est de 9 [km],650 65, ou 8 [km],000 pour huit heures de travail, 22 [km],000 pour un cheval non chargé pour une heure de travail, et 7 [km],240 24 pour dix heures de travail.

D'après cela, la vitesse la plus avantageuse d'un cheval chargé, travaillant huit heures par jour, serait de 4 [km] par heure, ou de 1 [m], 1 par seconde.

Cette vitesse est celle que prend naturellement un bon cheval traînant 700 ou 800 [kg] sur une route à peu près de niveau. M. Nadault.

Tableau de M. Coriolis.

Chevaux de trait.

DURÉE DU TRAVAIL.	TRAJET		EFFET UTILE	
	PAR SECONDE.	PAR JOUR.	INSTANTANÉ.	JOURNALIER.
h.	m.	km.	kg.	dynam.
4.	2, 222.	32.	30.	960.
10.	1, 111.	40.	50.	2,000.

34.

Toute inclinaison des traits épuise une partie de la puissance relative aux cosinus de l'angle d'inclinaison. Dans une route semée d'obstacles, il vaudrait peut-être mieux que les traits eussent une légère obliquité de bas en haut ; direction qui aiderait à surmonter les obstacles. Mais il est probable que les bêtes de trait, selon leur espèce, exercent leur action la plus avantageuse dans des directions qui ne sont plus les mêmes pour toutes, c'est à la pratique à déterminer la direction des traits des bœufs, des chevaux, etc.

Edgeworth.

Effet utile des chevaux de trait à différentes vitesses.

DURÉE du TRAVAIL.	TRAJET			EFFET UTILE	
	PAR SECOND.	PAR HEURE.	PAR JOUR.	INSTANT	JOURNAL.
	m.	m.	km.	kg.	dynam.
12 heures.	0, 500.	1,800.	21, 600.	72.	1,555.
11 »	1, »	3,600.	39, 600.	50.	1,980.
5 »	2, »	7,200.	36, 000.	32.	1,152.
3 »	3, »	10,800.	32, 400.	18.	1,883.
2 »	4, »	14,400.	28, 800.	8.	230.
1 »	5, »	18,000.	18, 000.	2.	36.

35.

Selon Gueniveau, la vitesse du cheval est de 1 à 15^m par seconde.

D'après ses recherches, celles de Vince et Coulomb, et

de **MM.** Prony et Navier, un cheval continuellement chargé, allant au pas avec une vitesse de 1^m 1 par seconde, ou de 4 ^{km},000 par heure pendant dix heures de travail, peut transporter avec une voiture sur une route ordinaire, 700 ^{kg}, et le même cheval, allant au trot avec une vitesse double, pendant 4 à 5^h, ne peut transporter que 350 ^{m}.

On voit d'après cela que, dans le second cas, l'effet utile ne serait pas même la moitié de ce qu'il était d'abord; on ne peut donc admettre avec N. Wood que l'action musculaire des animaux décroît dans les mêmes rapports que l'augmentation de vitesse, puisque celle-ci donne lieu à une très-grande diminution de la durée de l'action journalière qui entre indispensablement dans la mesure de l'effet utile.

M. Nadault.

36.

Souvent l'excès du travail journalier des moteurs animés, n'altère sensiblement leur santé qu'après un ou deux mois de durée, c'est faute d'avoir eu égard à cette observation que la plupart des mécaniciens ont évalué l'effet utile journalier de l'homme et des animaux, beaucoup au dessus de sa réalité.

M. Gueniveau.

La facilité d'abuser de la force des animaux donne lieu à une considération particulière qui n'est point applicable aux machines; c'est la durée totale du moteur qu'on abrège nécessairement en excédant les limites du travail journalier qui correspondent à chaque degré d'effort ou de vitesse.

37.

HOMMES
de trait.

Lorsque le mouvement varie suivant des conditions compliquées ou difficiles à prévoir, les forces de l'homme, guidées par son intelligence, doivent le produire, quelque perte qu'il en résulte pour l'effet utile ; mais, le plus souvent, le moteur agit naturellement sur la résistance, ou, du moins, on peut connaître à l'avance et lui imposer les modifications nécessaires. Dans les arts, lorsque l'intensité, la durée, la vitesse et la direction du mouvement peuvent être réglées par des mécanismes ; et particulièrement dans les machines locomotives, surtout lorsqu'elles doivent prendre une grande vitesse, l'homme est le moins avantageux des moteurs.

Poste aux hommes,

Au Bengale, la poste aux hommes, le Dack, supprimée par lord Cornwalis, consistait en un corps de noirs-porteurs, stationnés de distances à autres sur toutes les routes pour le transport du palanquin, des bagages et des voyageurs. C'est ainsi que l'on voyage encore de Calcutta à Laknor, à Bénarès, distantes l'une de l'autre de plus de 400 lieues.

Il n'y a point de Dack à Orixa, à Coromandel, à Malabar, ni de poste aux chevaux, mais des patmars, ou porteurs volontaires établis dans tous les villages.

Ces postes aux hommes étaient en usage au Pérou pour le transport des nouvelles, des bagages et des voyageurs ; mais là, du moins, il n'existait aucune sorte de bêtes de somme ou de trait. L'histoire de tous les temps et de presque tous les pays fournit de semblables exemples.

Les chiens sont employés presque partout au tirage des chars et des traîneaux; isolés, ils agissent avec un instinct, un dévoûment extraordinaire; mais réunis, soumis à un travail excessif, à des privations, à des mauvais traitemens, ils deviennent sournois et dangereux : le chien de trait n'est plus l'ami de l'homme, mais son esclave.

La constitution et les propriétés du chien, du renne, de l'âne, du chameau, etc., sont différentes; et chaque espèce est préférable à toutes les autres dans la plupart des circonstances où nous l'employons.

38.

La découverte des diligences à vapeur ne peut donc pas être regardée comme utile ; car aucun gouvernement sage ne consentirait à exposer le public à des dangers certains, en autorisant l'introduction de tels équipages sur les routes publiques, et de même que les voies en fer sont inaccessibles aux voitures ordinaires, de même aussi les routes, fréquentées par ces dernières, doivent être interdites aux chariots à vapeur.

M. Nadault.

Ceci ne doit s'entendre que de l'état actuel des voitures à vapeur.

39.

On a construit des voitures à voiles de toutes les formes, de toutes les proportions, la plupart légères, roulantes et bien disposées, mais exposées aux vents les plus favorables; aucune d'elles n'a donné le moindre **espoir** de succès.

à cerf-volant, Il existe aussi plusieurs sortes de voitures à cerfs-volans; l'une d'elles, essayée sur la route de Londres à Bristol, parcourait, chargée de trois voyageurs, 20,000 milles par heure (32,000 ^m ou 8 lieues).

à air. M. Fordham est inventeur d'un nouveau moteur; il se compose de deux cylindres de 12 pouces de diamètre et de 54 pouces de long contenant 170 pieds cubes d'air atmosphérique comprimé; le fluide fait tourner des arbres coudés solidaires aux roues.

L'auteur espère de ce procédé une économie dans le prix du transport.

40.

Plusieurs écrivains (et ces écrivains sont des ingénieurs), ont conseillé de régler et limiter le poids des chargemens par le nombre des chevaux. Cette base, renouvelée d'anciens édits, laisserait peu de choses à désirer, si on la combinait avec la largeur des jantes des roues.

Le traducteur d'Edgeworth.

41

On objectera sans doute que la force des chevaux est variable; que deux chevaux pesans et vigoureux conduisent un poids plus lourd que quatre et six chevaux de petite taille. Mais cette prime aux belles races nous affranchirait des importations annuelles en chevaux de remonte et de trait.

Deux petits chevaux, il est vrai, usent beaucoup moins les routes qu'un seul cheval de même poids, d'après le principe de la division des charges; mais les dégâts causés aux routes par les pieds des chevaux sont insensibles comparés à ceux occasionés par les roues. Cet inconvénient, d'ailleurs, est bien compensé par les avantages que procurent à l'État les belles races de chevaux dont ce système encouragerait la production.

M. Cordier.

Surcharge.

42.

Un tiers de plus environ que les jantes des petits chariots comtois et des malles-postes anglaises.

Si l'on ne tolère sur une route, ni jantes au dessous de six pouces de large, ni charge plus forte qu'une tonne pour chaque roue, cette route durera long-temps, et sera constamment en bon état d'entretien, moyennant la dépense annuelle de 5o livres sterling par mille.

Edgeworth.

43.

Le frottement d'une roue parfaitement ronde tournant sur un essieu d'acier poli, dans une boîte en cuivre, tournée et bien humectée d'huile, est cent fois moindre que celui d'un rouleau. Les $\frac{99}{100}$ de la force des chevaux

10

d'attelage sont employés à vaincre la résistance opposée par le mauvais état des routes.

Storrs-Fry.

44.

Chaussées rampantes,

Depuis quelque temps, les Anglais mettent beaucoup de soins à éviter, dans leurs tracés de routes, les montées et descentes inutiles.

En Angleterre, les voitures publiques, les voitures de luxe, et celles de roulage accéléré, toutes très-nombreuses, n'interrompent le trot de leurs chevaux, ni dans les montées ni dans les descentes. Il faut donc que les pentes les plus fortes soient encore peu considérables. Selon Edgeworth, deux degrés d'inclinaison doivent être le maximum de ces pentes.

C'est environ $\frac{1}{30}$ de montée pour unité de longueur. M. Telford a pris la même limite pour base de ses améliorations dans les travaux de la route d'Irlande, à travers le pays de Galles et l'île d'Anglesea. Cette route présentait en beaucoup d'endroits des montées de $\frac{1}{12}$ et même de $\frac{1}{7}$ par unité de longueur horizontale. Autant les montées étaient pénibles, autant les descentes étaient dangereuses, surtout pour le roulage accéléré.

En France, nous sommes bien loin, malgré tous les perfectionnemens que nous avons apportés au tracé de nos routes, d'en avoir partout réduit la pente aux limites qu'offrent aujourd'hui celles du pays de Galles.

A mesure que notre industrie et notre commerce exigeront des communications plus promptes , plus sûres , plus rapides, nous diminuerons les pentes trop prononcées qui déparent encore un grand nombre de nos voies publiques. Il faudrait nous imposer, dès à présent, la loi de ne pas donner plus de $\frac{1}{30}$ de pente aux rampes étendues, et plus de $\frac{1}{28}$ aux rampes qui sont courtes.

Lorsqu'il n'est pas possible, sans trop alonger la route, d'éviter la descente et la montée de quelques collines, de quelques tertres qui présentent des pentes très-fortes, on abaisse le point culminant par des coupures; et les matériaux enlevés servent, pour l'ordinaire, à remplir la partie basse de la route.

Dans les contrées à collines calcaires, on peut diminuer les montées et les descentes par de très-grandes coupures. La pierre qu'on en retire est de nature à fournir de la chaux dans tout le voisinage, ce qui couvre en partie, et souvent en totalité, les frais de l'opération.

M. Charles Dupin.

45.

L'action des roues sur le sol s'accroît beaucoup plus rapidement que leur poids. Dépressibles ,

46.

La pénétration des roues dans le gravier sablonneux de certaines routes est une des résistances qui nuisent Mouvantes ,

10*

particulièrement aux voitures ayant des roues à larges jantes et allant en poste, telles que les messageries ; car alors, non seulement il se produit un autre frottement que celui des essieux, mais les particules désagrégées qui s'opposent au mouvement de progression des roues offrent une résistance analogue à celle des fluides, qui croît à peu près comme le carré des vitesses. Aussi la durée des chevaux qui font le service des diligences n'est-elle que de deux ans ou deux ans et demi dans les relais ou portions de routes qui présentent cet inconvénient, tandis qu'ailleurs ils durent communément cinq ou six ans.

M. Nadault.

47.

Humides ;

C'est l'évaporation qui sèche les chaussées ; et, sans l'action du soleil et des vents, une pente de deux degrés, inclinaison la plus forte que l'on puisse tolérer sur une route de malle-poste, ne suffit pas à son asséchement.

Edgeworth.

48.

Élastiques.

Si la chaussée fléchit sous l'effort du roulage, il la déprime, la désassemble et la couvre des eaux et des boues de la fondation ; alors la progression des roues est une ascension continuelle, une suite de percussion qui ruinent les chevaux, les voitures, l'encaissement ; et l'on

a proposé de repiquer les chaussées imperméables et
résistantes, pour les rendre élastiques...

49.

On pourrait classer ainsi qu'il suit les routes par rap- Comparaison des
routes
port à la résistance qu'elles occasionent. Nous suppo-
sons, comme précédemment, une voiture à quatre roues,
chargée de 4,000 ^{kg}, et cheminant sur une route horizontale.

Nombre de chevaux.

Route en fonte de 2ᵉ coulée.	»	$\frac{1}{4}$
— de 1ʳᵉ coulée	»	$\frac{1}{2}$
— en pavés de dalles très-unies. . .	2	$\frac{1}{2}$
— en très-bons cailloutis.	3	$\frac{1}{7}$
— en cailloutis rouagés.	5	»
— en blocaille raboteuse	6	»
— en terrain naturel, terre crayeuse et siliceuse.	15	»
— en terre argileuse.	25	»

Ces rapports seraient bien plus grands encore, si on
faisait entrer dans les évaluations les pentes rapides, les
contours forcés et la résistance occasionée par de gros
matériaux mal rangés.

M. Cordier.

Résistance des voitures relativement à leur vitesse et à l'état des chaussées.

ESPACE PARCOURU par SECONDE.	ORNIÈRES en FER.	PAVÉS		CAILLOUTIS	
		PLATS.	RONDS.	BONS.	MAUVAIS.
m.	kg.	kg.	kg.	kg.	kg.
1,000	10	50	55	50	57
2,000	11	59	67	60	70
3,000	12	68	91	80	96
4,000	13	95	127	110	135
5,000	14	131	175	150	187

Chemins en fer. Suivant les ingénieurs anglais, les poids transportés par une même force de traction sur un chemin de fer ou sur une route ordinaire sont dans un rapport constant; cette assertion n'est pas conforme à la théorie, mais elle s'en écarte peu lorsque la pente est modérée; et, comme les chemins de fer n'admettent pas une grande inclinaison, nous conserverons le rapport entre les charges pour les deux sortes de voies, tel qu'on l'a trouvé sur une route horizontale.

Sur une route qui monterait d'un mètre par kilomètre, la charge traînée par un cheval ne pourrait être, sur un chemin de fer, que 12,500^{kg} au lieu de 15,000 : elle aurait donc subi la diminution d'un sixième. Sur une route ordinaire, elle ne serait plus que de 1,562^{kg} Pour de plus

grandes ascensions par kilomètre, ou trouverait successivement les nombres suivans :

MONTÉE par KILOMÈTRE.	CHEMIN EN FER.	ROUTE ORDINAIRE.
m.	kg.	kg.
2	10,714	1,337
3	9,333	1,166
4	8,333	1,041
5	7,500	937
6	6,818	852
7	6,250	781
8	5,770	721
9	5,357	669
10	5,000	625

Ainsi, lorsque la montée est le centième de l'espace
parcouru horizontalement, la charge d'un cheval doit
être réduite au tiers de ce qu'elle peut être sur une voie
horizontale. Si cette hauteur était doublée, c'est-à-dire,
portée jusqu'à un cinquantième, la force de traction deviendrait quintuple de celle qui eût suffi pour traîner la
même charge sur une surface nivelée. On voit combien
il importe d'adoucir les pentes pour tirer d'un chemin
de fer tout le parti que promet ce moyen de transport. Il
convient particulièrement au pays de plaines, le long des
rivières, aux lieux où leur établissement n'exige pas
des fouilles profondes et dispendieuses. Quant aux mer-
veilles opérées sur le chemin de Manchester à Liverpool,
c'est aux machines locomotives qu'il faut les attribuer.

L'utilité réelle des chemins de fer est assez bien prouvée

par les poids énormes dont on peut les charger, la modicité de leur entretien, la continuité de leur service, la régularité des communications qu'ils établissent.

On a multiplié les calculs de ces dépenses, et chacun de ses essais de devis s'est trouvé conforme aux opinions particulières du calculateur, les données de ces supputations sont non seulement locales, mais temporaires, en sorte que les résultats obtenus en plusieurs lieux, à différentes époques, ne pouvaient être d'accord; des hommes également dignes de confiance sont arrivés à des conclusions directement opposées en comparant les avantages et les frais de construction des canaux, des chemins de fer et des routes ordinaires ou chaussées. Les questions de cette nature ne peuvent donc être résolues que pour chaque lieu et pour un temps, en prévoyant avec sagesse les changemens que l'avenir doit amener : les connaissances de l'ingénieur ne suffisent point pour ce genre de recherches, il faut y joindre celles du bon administrateur.

M. Ferry.

Onduleux

Chemins de fers onduleux, par M. Buldenall, ingénieur anglais.

Une voiture s'accélère en descendant une portion de cercle, et remonte les 7/8 de la même hauteur.

Mais la substitution des chemins de fer onduleux aux voies horizontales accroîtrait les dépenses, les embarras et les dangers du voyage.

50.

Les meilleures routes d'Angleterre sont celles où l'on emploie les pierres calcaires, non pas à cause de leur résistance, mais de la chaux que forme leur détritus.

En caillontis

Une partie de craie et neuf de silex réduit à quatre onces forment une route parfaitement égale, compacte et solide dans la forêt de Marleborough.

La propriété que possède la poussière de pierre calcaire de lier les corps, est prouvée par plusieurs exemples. Les débris et poudres de pierres calcaires sont fréquemment employés dans la construction des murs de clôture et même de maisons, sans aucun mélange de chaux ou mortier.

M. Storrs-Fry, (cité par M. Cordier).

51.

Plusieurs ingénieurs préfèrent les matériaux faiblement résistans, afin qu'ils soient plus tôt scellés par la chaux de leur détritus ; les pierres les plus dures et les plus petites sont les meilleures ; seulement, il faut les couvrir de la quantité de mortier nécessaire si elles ne le fournissent pas.

52.

Lire les opinions et la pratique de M. Berthault Ducreux sur l'importance et la division des matériaux.

53.

Dans l'examen des travaux et des écrits de M. Mac-Adam, une seule idée paraît neuve : l'emploi de pierres cassées d'un même poids sur toute l'épaisseur de la chaussée ; mais cette innovation semble être aussi peu avantageuse que mal justifiée par les explications hypothétiques qu'il donne.

Des pierres cassées très-irrégulières et très-dures, d'un même poids, ne se pénètrent pas mieux et n'adhèrent pas plus que si leur grosseur était inégale. Elles laissent entre elles beaucoup de vide et sont également susceptibles de mouvement sous de fortes charges ; il faut plus de temps et de dépenses pour casser toutes les pierres d'une même grosseur ; et elles ont moins de stabilité que lorsque les dimensions sont différentes.

Supposons qu'on établisse une chaussée avec des pierres cassées d'un poids variable ; d'une livre à une once, rangées par lits réguliers et de grosseur décroissante, les plus fortes dans le bas, les plus faibles dans le haut, et qu'on remplisse les interstices avec de petits éclats : les points de contact étant par là plus nombreux, le corps entier aura plus de stabilité et sera susceptible de plus de résistance : par la même raison on peut sans inconvénient employer de larges pierres aux fondations lorsque les matériaux sont sur place ; celles-ci coûtent moins que les pierres cassées, et ne sont pas moins bonnes lorsque la surface est d'ailleurs parfaitement entretenue. M. Mac-Adam prescrit, contre l'opinion d'ingénieurs anglais très-habiles, de ne point rejeter sur les pierres cassées des matières étrangères destinées à les lier ; mais il nous semble que son système de chaussée n'est solide que par l'influence même de la cause qu'il repousse.

Les pierres cassées mises en rechargement et sans liaison avec la chaussée, ayant des arrêtes saillantes, sont émoussées, les éclats et la poussière qui s'en détachent remplissent les joints des autres pierres, et produisent nécessairement avec le temps cette masse compacte que d'autres ingénieurs anglais obtiennent de suite en retirant avec soin la boue de la surface de la route et en la répandant sur les nouvelles couches de pierres cassées.

On savait depuis long-temps en France que des fondations en grosses pierres ne sont pas indispensables: les chaussées du Simplon ont été exécutées d'après un système semblable à celui de M. Mac-Adam; les ingénieurs français qui adoptèrent cette méthode comme plus convenable et plus économique dans cette localité ne pensaient pas que, vingt ans après, on l'annoncerait comme une découverte. Si l'on compare les anciens devis de l'État de Languedoc à ceux de M. Mac-Adam, on préférera le système des ingénieurs français, fondé sur des principes mieux justifiés par l'expérience et la théorie. Les routes de Languedoc étaient aussi bien entretenues et aussi belles que celles d'Angleterre, et ses réparations coûtaient moins.

M. Cordier.

Il n'est pas question dans ce passage de l'économie notable de matériaux qui résulte du système Mac-

Adam. Sans doute de grosses pierres coûtent moins que les pierres brisées à la main; mais ce qui coûte encore moins c'est de n'employer ni les unes ni les autres. Or, c'est ce que fait l'ingénieur anglais, quand il croit pouvoir supprimer la couche tout entière de fondations comme dépense inutile, plus encore que comme construction nuisible.

Le traducteur d'Edgeworth.

Réfections partielles faites à la route entre Londres et Dublin, en des lieux éloignés des carrières de pierres dures ; par M. TELFORD.

<table>
<tr><th>ÉPAISSEUR DES COUCHES.</th><th>CRIBLURES DE GRAVIER.</th><th>PETITS GRAVIERS.</th><th>GROS GRAVIERS CASSÉS.</th><th>GROS GRAVIERS CASSÉS.</th><th>PETITS GRAVIERS.</th><th>CRIBLURES DE GRAVIER.</th><th>HAUTEUR TOTALE.</th></tr>
<tr><td>m. c.
» 7 1/2</td><td>m. c.
» 91</td><td>m. c.
1 22</td><td>m. c.
2 44</td><td>m. c.
2 44</td><td>m. c.
1 22</td><td>m. c.
» 91</td><td></td></tr>
<tr><td>» 7 1/2</td><td colspan="6" align="center">COUCHE DE CRAIE.</td><td rowspan="3">» m. 45 c.</td></tr>
<tr><td>» 15</td><td colspan="6" align="center">COUCHE DE GRAVIER.</td></tr>
<tr><td>» 15</td><td colspan="6" align="center">COUCHE DE CRAIE.
9 m. 14 c.</td></tr>
<tr><td colspan="8" align="center">TERRAIN SERVANT DE BASE A LA ROUTE.</td></tr>
</table>

(Voyages dans la Grande-Bretagne, par M. Ch. DUPIN.)

54.

La terre délayée par les eaux s'élève de même entre les pavés ; mais la pression qu'ils exercent par leur poids et par celui du roulage est inverse de leur surface, et plus ils sont larges moins, la chaussée se détériore.

Quiconque a voyagé sur les routes mac-adamisées ne saurait disconvenir qu'elles contiennent plus de boues dans les temps humides, et qu'elles sont plus remplies de poussières dans les temps secs que les routes construites sur d'autres principes, quoiqu'elles soient nettoyées et arrosées à grands frais ; ces opérations ne sont qu'un palliatif très-insuffisant des nombreux inconvéniens qui leur sont propres ; le limon qui se trouve sur la surface durcie devient soluble par la moindre quantité d'eau ou volatil au souffle de la plus légère brise. Une route construite dans ce système est donc toujours poudreuse ou couverte de boue ; quelquefois elle forme un sol mouvant, et il faut trois chevaux dans le voisinage de Londres pour traîner un fardeau que deux chevaux peuvent traîner sur les routes ordinaires maintenues dans un état de dessiccation convenable.

Les rues mac-adamisées dans l'intérieur de Londres n'ont d'autre avantage que d'être moins retentissantes que les autres ; mais elles sont les plus sales et les plus dispendieuses de toutes celles de la métropole, et dans plusieurs quartiers on prend déjà des mesures pour substituer le pavage ordinaire aux chaussées à la Mac-Adam.

S'il est démontré que des pierres à dimensions modé-rées, bien nivelées et bien jointes, préservent mieux de la boue dans nos rues que les pierres brisées de petites dimensions dont au surplus la naissance et l'emploi sont fort antérieurs au baptême que leur a donné M. Mac-Adam, il en résultera qu'une combinaison du même genre pourra être avantageuse à nos routes. Cette ten-tative a déjà été faite; et, dans les rues de Londres, nous avons des preuves récentes et incontestables de l'utilité immense que l'on trouve à asseoir les matériaux qui composent la voie publique sur des fondations solides.

Fleet-Street, depuis Fleet-Mark et jusqu'à Scha-Lane, a été préparée en enlevant à une profondeur considé-rable toute la terre molle, et en la remplaçant par de la chaux et du gravier nivelés avec soin. Quoique les pierres qui occupent la surface soient de la même es-pèce que celles des autres parties, l'œil et l'oreille, quand vous êtes en voiture, vous avertissent de l'endroit ou commence cette admirable partie de chaussée et de celui où elle se termine.

Sans contredit elle a coûté fort cher; mais les autres parties aussi ont exigé de grandes dépenses, et, dans plu-sieurs endroits, elles ont déjà éprouvé une dépression considérable, tandis que pas une pierre n'a bougé dans la portion établie sur des fondemens solides.

Les parties de la route de Holyhead qui ont été construites de cette manière par M. Telford sous la surveillance d'une commission parlementaire, n'ont jamais besoin d'être nettoyées; et peuvent rester des années entières sans réparations; il est hors de doute, d'après cela, que si les routes aux approches de Londres étaient construites sur un principe semblable, elles seraient également bonnes.

Revue Britannique, Janvier 1829.

La méthode suivie en France a toujours tenu le milieu entre ces deux systèmes; et, à égalité de dépenses, il est probable qu'elle est la meilleure de toutes; mais celle des romains qui consiste à placer un nombre plus ou moins grand de couches de bétons ou de ciment sur le sol creusé et pilonné est sans contredit beaucoup au dessus de toutes les autres.

M. Nadault.

L'épaisseur de l'encaissement étend sur une large base la pression exercée par le roulage sur chaque cailloutis successivement, et prévient ainsi la dépression du fond, la submersion de la surface et la destruction de la chaussée. Elle doit donc être directement relative au poids des transports et diminuer avec lui.

La réduction de l'attelage à un cheval par deux roues diminuerait de moitié le prix d'établissement et d'entretien des chaussées.

La quantité de la résistance est le produit du moyen

effort de traction multiplié par l'espace parcouru ; il faut, autant que les localités le permettent, abaisser les rampes, dresser les détours de la route, relativement au genre de voitures et de bestiaux qui la fréquentent.

55.

Largeur

La route étroite enlève moins de terrain à l'agriculture, nécessite moins de matériaux et de travail, expose moins de surface aux intempéries, est plus facilement élevée et asséchée que les autres, la pression des jantes plus fréquente en chaque point la durcit davantage ; ainsi, la construction, l'entretien et la viabilité de la chaussée sont inverses de sa largeur.

Chacun sait, dit M. Berthault Ducreux, qu'il est des époques d'une durée assez longue où, sur des points extrêmement fréquentés, les accotemens sont absolument impraticables, et ne sont même touchés que par les voitures qui ont le malheur d'y verser : donc les chaussées peuvent suffire à la circulation ; donc une largeur de 5 mètres seulement serait à la rigueur nécessaire. Chacun sait également qu'un grand nombre de rues dans des villes populeuses et remarquables par la fréquence du roulage et l'activité de la circulation sont maintenues à huit mètres de largeur et souvent moins. Personne n'ignore qu'en Angleterre, les routes ont rarement ces huit mètres, même aux abords des grandes villes. Pourquoi donc nos grands chemins sont-ils partout plus larges que

nos rues, lorsque la grande différence de circulation de-
vait indiquer une disposition contraire?

Voici quelles sont les moindres largeurs que la législation anglaise permet de donner aux chemins vicinaux :

Chemins de piétons, 2^m,000.

De chevaux, 2^m, 440.

De voitures, 6^m, 000.

Suivant M. Charles Dupin, les grandes routes doivent
avoir cinq mètres de largeur dans leur partie ferrée ; mais
on fait varier la largeur du trottoir et du fossé réunis,
depuis 2^m, 500 à 3^m, 000.

56.

M. Charles Dupin démontre que, dans les tournans des
descentes, le profil de la route doit représenter une ligne droite légèrement inclinée vers l'intérieur de l'arc
qu'elle décrit, afin de diminuer l'effet de la force centri-
fuge sur les voitures un peu accélérées. On a recommandé d'incliner toujours vers la côte la pente transver-
sale à donner aux routes à mi-côte dans les pays montueux; mais rien n'est plus facile que de raccorder ces
deux pentes, quand elles se contrarieront, et d'en tirer
en même temps parti pour l'écoulement des eaux et l'assèchement de la chaussée.

Prof.

T. d'Edgeworth.

Les routes anciennes sont toutes naturellement inclinées vers l'escarpement et n'occasionent jamais de mal-

11

heurs ; il conviendrait de les border d'un rang d'arbres, et préférablement d'une haie, de lisses ou de bornes.

57.

Convexité.

Lorsqu'une route n'a de pente en travers que quatre centimètres pour mètre, les voitures peuvent circuler librement partout, et sans danger quoique avec des chargemens élevés et lourds ; il y a alors sécurité pour les voyageurs et les marchandises. Adopter une pente plus faible n'ajouterait rien à ces avantages, et aurait l'inconvénient d'aggraver le mauvais côté de ce système. On sent en effet que, sur une surface peu inclinée, les eaux séjournent plus facilement, et que la moindre ornière suffit pour rendre leur écoulement difficile. On a recommandé néanmoins de supprimer tout-à-fait cette pente en travers dans les descentes un peu rapides ; mais il est évident qu'il ne faut pas prendre cette recommandation à la lettre ; car, le lendemain de sa mise à exécution, les descentes deviendraient creuses, soit par l'effet isolé du roulage ou des eaux, soit par leur action simultanée. Or, n'en déplaise aux partisans des chaussées creuses, il est impossible de maintenir en bon état une route qui garde son ennemi dans son sein. Réduire le bombement à deux centimètres pour mètre, doit toujours être le minimum et c'est à fort peu de chose près une limite aussi avantageuse au roulage que l'horizontalité parfaite.

M. Berthaux Ducreux.

58.

Profil des grandes routes.

En Angleterre, il existe peu de grandes routes ayant une seule pente latérale; quelques unes ont deux pentes qui vont en descendant des bords au milieu de la voie publique, comme les ruisseaux d'un grand nombre de nos rues. Enfin la plupart sont bombées au milieu et déprimées vers les bords.

Cette dernière forme est très-marquée dans les anciennes routes; leur grande convexité rend les voitures fort sujettes à verser.

L'inconvénient d'une telle forme n'était pas aussi sensible lorsque les voitures cheminaient avec une grande lenteur. Il est devenu toujours plus grave, à mesure que la vitesse des transports s'est accélérée. Le progrès naturel du commerce et des communications sociales a donc fait sentir de plus en plus la nécessité de diminuer la convexité des routes.

Les anglais observent en faveur de celles qui sont parfaitement unies et très-peu bombées, qu'elles retiennent bien moins les eaux que ne le font les moindres ornières des plus bombées. On conçoit, en effet, qu'aucune pente latérale ne peut être assez forte pour que l'eau qui descend dans ces ornières puisse en sortir complètement et se rendre aux bas côtés de la route.

Par ces détails on voit qu'aujourd'hui les ingénieurs de la Grande-Bretagne donnent à l'arc qui représente le profil de leurs routes, beaucoup moins de flèche que les ingénieurs français.

Traducteur d'Edgeworth.

59.

Exhaussement.

Il faut élever le fond de la chaussée au-dessus du niveau des eaux, se débarrasser des eaux naturelles et de pluie, maintenir le fond de la route toujours sec ; y placer avec soin plusieurs couches de pierres cassées d'une grosseur uniforme et du poids de 6 onces. environ d'une épaisseur ensemble de dix pouces, et rendre la surface polie, forte et solide.

M. Mac-Adam.

Sans doute, il est utile que la chaussée soit imperméable à la surface ; mais ce qui l'est bien davantage, c'est que le remblai qui la soutient ne retienne pas les eaux : les chaussées se conservent mieux sur les terrains absorbans.

60.

Assèchement.

Les routes sont garanties de l'action des eaux de pluie et sauvages par des fossés avec pentes réglées et des buses en fonte, en terre cuite, en maçonnerie, très-rapprochées. On n'aperçoit nulle part, même en hiver, des eaux stagnantes dans les fossés et près de la route.

M. Cordier.

61.

Plantation.

En Angleterre, chaque route, même vicinale est bordée

sur toute la longueur d'une palissade en bois ou en fer, d'un mur ou d'une haie vive; et les fossés n'ont jamais plus de trois ou quatre pouces de profondeur; d'où il résulte que des chevaux attelés, abandonnés à eux-mêmes ou conduits par un cocher ivre, ne pourraient renverser une voiture même la nuit. Aussi n'avons-nous pas aperçu une voiture versée ou brisée, ni entendu parler de semblables accidens en parcourant mille milles, tant en Angleterre qu'en Écosse.

Les trottoirs ou marche-pieds, servent aussi de bornes aux voitures et sont placés de préférence à côté des escarpemens.

M. Cordier.

62.

Les Anglais construisent les banquettes entre les fossés ; M. Berthault prescrit de les placer au-delà, elles seraient moins dégradées; elles ne nécessiteraient point d'exhaussement, et les gens de pied seraient plus éloignés des voitures et des chevaux; les banquettes latérales sont presque toujours inutiles et souvent dangereuses ; la voie des chevaux et des voitures est sur la rive droite de la chaussée et celles des piétons sur le milieu.

63.

Malgré le manque de canaux et les vices de notre écrasant roûlage, la dépense moyenne d'entretien de nos chaussées d'empierrement (supposées en très-bon état) ne s'élève pas à 5oo ^{fr}, par ^{km} ou 2,ooo ^{fr}, par lieue de poste, tandis que ce même entretien coûte annuellement aux trusts ou curatèles britanniques 764 fr., et 935 fr. L'on y comprend l'intérêt des dettes contractées, c'est-à-dire 50 ou 90 pour cent de plus qu'en France. Même nos routes pavées coûtent moins, puisque leur entretien ne va qu'à 873 fr., par kilomètre.

Quoique le développement des routes pavées entre pour plus d'un cinquième dans la longueur totale de nos routes royales en bon état, la dépense moyenne totale ne surpasse pas 570 fr., par kilomètre, ou 2,280 fr., par lieue.

Si l'on spécialise la comparaison en la restreignant aux environs immédiats des deux capitales, on trouve que les 66 km de routes royales pavées du département de la Seine ne coûtent d'entretien que 122 mille francs, ou 1870 fr. par kilomètre (7480 fr. par lieue), tandis que les 252 km (157 milles) de routes en graviers du Middlesex, dépensent 2,151, 250 fr., ou 8,514 fr., par kilomètre (34,056 fr. par lieue), c'est-à-dire cinq fois autant que nos routes, et plus de la moitié de la somme moyenne que coûterait la création de nos nouvelles chaussées d'empierrement à ouvrir.

Traducteur d'Edgeworth.

64.

Responsabilité

En Angleterre, où l'entretien des routes est à la charge des paroisses, comme elles perçoivent des péages et des impôts spéciaux et suffisans, le parlement les a rendus responsables des accidens occasionés par le mauvais état des chemins.

Ainsi chaque paroisse paic les avaries des marchandises, les frais de réparation des voitures brisées, les dommages causés aux voyageurs, lorsqu'il est constaté que les accidens ont eu lieu par la profondeur d'un fossé ou d'une ornière, et en général par le mauvais état des chemins les cours de justice et les assises jugent ces procès comme ceux des particuliers.

M. Cordier.

65.

Nos chaussées sont bordées de fossés creux et de ravins dans lesquels le déviage, la force tangentielle, l'ivresse des postillons ou des charretiers et l'emportement des chevaux précipitent l'équipage, surtout dans les neiges, les inondations et pendant l'obscurité. Construites sur de mauvais principes, dégradées par un roulage destructeur, les routes sont impraticables, leur ruine est imminente et mine sourdement les bases de notre prospérité.

Les routes que nous sommes réduits à envier aux étrangers sont une imitation imparfaite des nôtres. Avec les ingénieurs et les ressources de la France, il ne nous manque qu'une loi qui choisisse les moyens d'achever, de rétablir nos chaussées et de les entretenir.

Imposer à l'état l'achèvement et la réfection des routes, et leur entretien aux voyageurs qui les dégradent, tel doit être, ce nous semble, l'esprit de cette loi...

Pour comparer les différentes méthodes de constructions et de réparations des routes adoptées ou proposée en France et en Angleterre, il est nécessaire de faire la part des circonstances particulières à chacun de ces pays.

En Angleterre, les transports se font sur les canaux, le sol est en général ondulé, plein de mouvemens, les routes ont des pentes plus ou moins fortes et peu de largeur, la terre est plus ou moins sablonneuse et toujours perméable, et on accorde pour l'entretien par lieue de 4,000^m dans les environs de Londres, 29,000$^{fr.}$ dont le quart, ou 7,200$^{fr.}$, est employé en transports, et les trois quarts, ou 21,800$^{fr.}$, en main-d'œuvre d'après la proportion fixée par M. Mac-Adam. Il résulte de là que les eaux sont rarement stagnantes, qu'on a beaucoup de facilité à s'en débarrasser ; que dix pouces de chaussée suffisent ; et surtout qu'on peut entretenir, par lieue, trente personnes employées à casser et nettoyer les matériaux, à curer les rigoles et aqueducs ; à râcler la surface de la route, la recharger et la maintenir parfaitement unie. Si ces trente personnes étaient distribuées uniformément sur la route, chacune n'aurait que 133$_m$ de long à entretenir ; on conçoit qu'aucun parc ne peut être aussi bien tenu.

En France, au contraire, les transports se **font par** terre et sur les voitures les plus destructives ; les routes sont en général trop larges, souvent en plaine, plus basses que le sol, et fort exposées à l'action des eaux stagnantes.

On n'accorde par lieue que 2,000 fr., dont les trois quarts sont dépensés en achat de matériaux, et le quart seulement en main-d'œuvre; ce qui ne permet l'emploi que d'un seul homme par lieue; il y a donc sur les routes d'Angleterre trente fois plus de personnes occupées à les réparer et à les entretenir, et cependant elles sont peut-être vingt fois moins dégradées par les eaux et les voitures; on ne peut donc exiger les mêmes résultats avec des moyens et des circonstances si différens.

66.

L'entretien des routes est à la charge des voyageurs, du riverain, de la commune ou de l'État; qui donc refusera l'impôt ou fera un procès au roi au sujet d'une ornière ?

Le voyageur et le voyer s'observent attentivement l'un l'autre comme des ennemis, car chaque action de l'un d'eux peut occasioner un profit, une perte, une amende ou une indemnité pour l'autre.....

. L'on objecte que l'établissement des barrières augmenterait les frais de transport et nuirait au commerce.

Nous répondrons en citant l'expérience acquise dans les pays où les droits de barrière ont été récemment établis. Les routes suffisamment, régulièrement dotées et réparées étant beaucoup meilleures, on a pu diminuer le quart des chevaux pour conduire dans le même temps la même charge et on a obtenu une économie qui compense et au-delà, les péages d'après le tableau des prix

de transport de Paris aux principales villes de France ;
le prix moyen est de 1 ^{fr.}, 3o ^c par kilomètre et par
tonneau. Les droits de barrière augmenteraient les frais
de o ^{fr.}, 15 ^{c.} ou du 9e tandis que l'économie sur l'attelage serait de o ^{fr.}, 3o ^{c.} ; le voiturier obtiendrait donc
un bénéfice du dixième par l'établissement des barrières,
c'est-à-dire par la réparation complète des routes en
adoptant le meilleur mode d'exécution et d'entretien.

L'on objectera aussi que l'esprit français repousse le
système de barrières.

Mais les Français, plus que les autres peuples, ont besoin de voyager, d'arriver rapidement, commodément,
sur les divers points du royaume. S'il est démontré,
ainsi que nous en avons la conviction, que l'on ne peut
obtenir ces avantages que par les barrières, est-il une
seule personne qui en voterait le rejet ? L'assentiment
donné à ce mode par tant de peuples commerçans très-
éclairés, persuade que les oppositions en France ne sont
qu'irréfléchies, et qu'elles céderont à l'évidence de la
vérité.

Les habitans des villes disent : Les barrières sont in-
supportables, nous n'en voulons pas. Les habitans des
campagnes répondent : Nous ne voulons pas d'impôts in-
justes qui ne pèsent que sur nous et dont nous ne profitons
pas. Nous demandons que les fonds des routes soient
prélevés sur les budgets des villes, ou créés par des
droits de passe. Pourquoi nous forcer de payer des ponts
et des routes que nous ne verrons jamais ; pourquoi nous

empêcher d'employer nos impôts à ouvrir les chemins qui nous manquent et dont nous avons chaque jour besoin ?

Le législateur pourrait-il balancer entre le caprice et la justice ? voudrait-il continuer le système actuel qui donne des chemins de luxe aux uns, et refuse aux autres les communications les plus nécessaires ?

La France resterait-elle en arrière des États voisins ? L'Angleterre, les Pays-Bas, les États-Unis d'Amérique, la Bohéme, la Saxe, la Bavière, la Prusse, le reste de l'Allemagne, tous les pays les mieux coupés de routes superbes ne les ont obtenues que par des droits de barrières. Partout, au contraire, où ce système n'est pas établi, où il ne saurait l'être, puisqu'il suppose des institutions, une administration provinciale, en Espagne, en Portugal, en Turquie, en Russie, les communications manquent ou sont presqu'impraticables sept ou huit mois chaque année.

On assure que les routes de l'Amérique du nord sont mal entretenues malgré les barrières; nous nous sommes assuré que celles qui sont mal réparées sont des routes de l'État, que les autres à barrières, appartenant à des associations, sont toujours meilleures, et que, lorsqu'un chemin à barrière n'est pas bien réparé, on enlève les barrières, et la perception des droits est supprimée jusqu'à ce que le chemin ait été complètement réparé.

Par cette mesure, les plaintes fondées sont prévenues.

et on n'est point exposé à payer pour de mauvaises routes.

La France est aussi libre et aussi fortement organisée que ces divers États, et le système de barrières peut y être établi sans obstacle.

Le système de réparations des routes par les produits des péages perçus sur les voitures, est à la fois le plus simple, le plus efficace et le meilleur. On ne prélève des droits que sur les personnes qui profitent des chemins et qui les dégradent; les cantons privés de communications sont exempts de ces impôts; la taxe est perçue presque sans frais et immédiatement employée; les adjudicataires des travaux recevant la totalité des fonds nécessaires à leur entretien, sont responsables des accidens occasionés par leur négligence; les routes sont par cela même toujours réparées à temps et parfaitement entretenues, les chevaux se fatiguent moins, les transports se font plus vite, les accidens deviennent plus rares, l'agriculture et le commerce sont également encouragés et favorisés.

Est-il un seul contribuable qui n'aimât mieux être imposé davantage, s'il pouvait jouir incessamment des avantages procurés par d'excellentes routes tracées de commune à commune? N'est-il pas plus économique pour les propriétaires et les négocians, de payer des droits imposés sur les chevaux et les voitures, et de les conserver un nombre double d'années par suite du meilleur état des communications? Quel est le voyageur qui refuserait le dixième en sus de sa place de diligence si ce surcroît de dépense lui ôtait la crainte d'être renversé et blessé et abrégeait d'un tiers ou même de moitié la durée du trajet ? Quel est le négociant qui ne serait pas satisfait d'assurer l'arrivée prompte et sûre de ses marchandises par une faible augmentation de prix ?

Cette sécurité, cette promptitude et ces garanties sont données aux voyageurs et aux négocians d'Angleterre, d'Amérique et de Hollande, depuis que le système de barrières y est établi. La France pourrait avant peu d'années se procurer les mêmes avantages.

L'imperfection de la loi sur les barrières et tous les maux qui en furent la suite ne doivent être attribués qu'à l'inexpérience des législateurs et des agens de l'autorité. Dans les pays voisins, la perception de cet impôt qui excita dans le principe un mécontentement général, se fait maintenant avec une facilité dont rien n'approche, et il n'est personne qui n'en reconnaisse l'utilité et même la nécessité.

M. Cordier.

67.

On est frappé de l'excessive inégalité des dépenses d'entretien, qui varient, en Angleterre suivant les comtés, dans des rapports tels, par exemple, que celui de 109 à 1 ; puisque le kilomètre, qui, dans le Middlesex, coûte moyennement, par an, la somme énorme de 8,514 fr., ne coûte dans certains comtés du pays de Galles (le Cardigonshire et le Merionethshire), que 78 à 80 fr. ; les limites extrêmes des revenus affectés à l'entretien, quoiqu'en relation avec les frais auxquels ils doivent pourvoir, sont un peu moins éloignées. C'est 9,446 fr., (Middlesex) et 93 (Radnorshire, principauté de Galles), deux sommes qui sont entre elles dans le rapport de 101 à 1.

Traducteur d'Edgerworth.

68.

Le voyer connaîtrait les dégradations et prix des matériaux et du travail ; il soumissionnerait en chiffres ronds à 1, 2, 3, 4, 5 centimes par bête de somme, le double par bête de voiture, le quintuple par bête de fardier ; ainsi, le voyageur payerait aussi exactement que possible le prix de la viabilité dont il jouirait.

Sinon la perception serait invariable et le soumissionnaire offrirait une redevance à l'État.

69.

Perception

Qu'ont fait les préfets, les conseils-généraux, les commissaires et les fonctionnaires de tous les étages placés entre les routes et les ingénieurs ? L'Angleterre est fatiguée de ses institutions paroissiales ; elle a pitié de l'incurie, de l'ignorance de ses inspecteurs et de ses fonctionnaires amateurs. Elle appelle de tous ses vœux une administration comme la nôtre, et l'on nous propose d'imiter la gothique et barbare législation de sa voierie !

Le mauvais état de nos routes s'accroît tous les jours, et les dépenses nécessaires à leur entretien par les moyens ordinaires excèderaient les ressources du gouvernement.

En Angleterre, dit la Revue-Britannique, la haute gestion des routes est tout entière dans les mains de l'aristocratie : les curateurs (Surveyors et Trustees) sont choisis parmi les hommes les plus riches et les plus influens du canton; ils sont toujours plus attentifs à leurs propres intérêts qu'à ceux du public. S'agit-il de faire le tracé d'une nouvelle route, rarement on adopte la ligne la plus courte et la moins dispendieuse; ce que l'on veut surtout, c'est d'atteindre certains points et d'en éviter d'autres. Mais ce ne sont point là les seuls inconvéniens de ce système, soit par l'incapacité des curateurs (Surveyors et Trustees) ou bien par leur mauvaise foi, les travaux de confection et d'entretien sont ordinairement plus chers qu'ils ne devraient l'être. C'est ainsi, par exemple, que la route de Barnet à Londres a coûté trois fois plus que l'estimation faite par le savant ingénieur Telford devant les commissaires du Parlement. Ce grand ingénieur avait indiqué un moyen économique d'améliorer cette route dans le plus mauvais état, pour 4 mille livres sterling. Le plan de M. Telford fut adopté ; mais malheureusement l'ineptie de ceux qui l'exécutèrent en compromit le succès; les travaux ont coûté 14,000 livres sterling au lieu de 4000 ; et la route, couverte de ravins et de fondrières, sillonnée par des rigoles, se termine en tire-bouchon dans la ville de Barnet.

M. Telfort assure que la totalité des routes de Whetestone et les portions de celle de Saint-Alban, confiées aux soins des curateurs, sont dans l'état le plus défectueux malgré les moyens d'amélioration qu'il avait indiqués plusieurs fois. On reçoit en effet des plaintes réitérées des propriétaires de diligence et des personnes qui sont dans l'habitude de voyager sur ces routes.

Si ces routes ne sont plus telles qu'elles devraient être, c'est donc au mauvais système qui les régit qu'il faut s'en prendre et non au talent de nos ingénieurs : cela posé, sans nous prononcer sur ce sujet d'une manière affirmative, nous demandons s'il ne serait pas dans l'intérêt commun de placer toutes les routes du royaume, comme sont déjà les routes parlementaires, sous le contrôle des chambres et du gouvernement, de renverser les barrières et de mettre à la charge du Trésor la confection et l'entretien des chaussées comme elles le sont en France. Cet arrangement aurait au moins l'avantage de faire cesser une perception dispendieuse, ainsi que les insultes qui l'accompagnent d'ordinaire, et d'abolir une espèce de capitation, c'est-à-dire le mode le plus odieux de tous. Comme c'est toujours en dernière analyse, l'industrie productive du pays qui survient à la perception des taxes; il semblerait plus judicieux et plus juste de l'imposer directement sur cette industrie et de la lever avec le reste du revenu public.

70.

Corvées.

On a essayé de remplacer la corvée par les prestations en nature pour la réparation des routes départementales et vicinales; mais l'exécution de la loi et des réglemens plutôt recommandée que prescrite, n'a donné de bons résultats que dans les départemens où les premiers administrateurs, par un zèle très-louable sans doute, n'ont pas craint d'outre-passer les bornes et les pouvoirs de la loi. Ils ont obtenu, par leur influence personnelle, par persévérance et persuasion, ce que, dans beaucoup de cas, les contribuables avaient droit de refuser. Partout ailleurs, les chemins vicinaux ont été comme abandonnés.

Nous avions d'abord pensé qu'on pourrait tirer un grand parti des prestations en nature, en donnant aux administrateurs, par une nouvelle loi, les moyens d'en régler l'emploi et de prévenir les pertes de temps et les abus; mais l'expérience nous a convaincu que nos longues révolutions ont laissé dans chaque commune des germes de dissensions et des habitudes de résistance qui feraient échouer les meilleures mesures et le zèle des administrateurs.

Les conseils municipaux des communes ont essayé vainement, en vertu des instructions, d'élargir les chemins, d'abattre les haies, les murs de clôture; partout les propriétaires à déposséder, les habitans plus intéressés aux communications délaissées qu'aux chemins en réparation, se sont opposés avec ardeur et succès à toutes les améliorations. Les chemins vicinaux restent dans l'état de nature, et ne pourront être réparés par la loi actuelle. Le public repousse ce mode d'impôt par souvenir et par conviction, et la loi, trop peu impérieuse, semble autoriser le refus et l'ajournement.

D'autres considérations doivent déterminer à y renoncer. Dans l'état avancé de la civilisation et de la science de l'ingénieur, la construction d'une chaussée exige de l'intelligence, de l'instruction, et une longue pratique des méthodes adoptées. Ce travail, confié aux corvéables, demanderait plus de temps et de dépenses, et deviendrait ainsi plus onéreux aux contribuables.

Quelques mesures qu'on prenne, les corvées, même bien réparties et bien dirigées, ne sauraient produire la moitié des frais qu'elles coûteraient aux contribuables. On pense donc qu'il faut renoncer en général aux prestations en nature pour la restauration des chemins vicinaux, et surtout pour la réparation des grandes routes.

M. Cordier.

INSTRUCTIONS

Publiées par ordre du parlement d'Angleterre pour la réparation des routes, et adressées aux commissaires et ingénieurs chargés de leur entretien.

Traduction de M. Cordier.

Règles générales pour la réparation des routes.

I. *Profil des routes.*

Règle Ire. Pour une route de 3o pieds de large, la pente de l'axe, à chaque extrémité, doit être de 9 pouces. Le profil le plus avantageux est le segment d'une ellipse très-plate : cette forme non seulement facilite l'écoulement des eaux du centre vers les bords, mais contribue au dessèchement en facilitant l'évaporation de l'eau par l'action combinée du soleil et de l'air; les inspecteurs doivent se servir du niveau pour donner exactement la même courbure à tous les profils en travers de la route.

II. *Écoulement des eaux.*

Règle 2. Tous les fossés doivent être ouverts en dehors des haies ou clôtures, et communiquer avec les courans naturels.

Les aqueducs en pierre et buses qui passent sous la route doivent être nombreux et se prolonger jusqu'aux fossés ouverts en dehors des clôtures, dans les terres riveraines.

Pour maintenir les chemins toujours secs, il faut établir des communications en maçonnerie entre les aqueducs qui traversent la route et les rigoles ouvertes sur les côtés, et faire écouler les eaux qui tombent sur la surface : le fond des aqueducs doit être pavé avec soin, surtout à leur embouchure.

On ne doit jamais oublier qu'une route n'est parfaite que lorsque la surface est très-sèche.

Toutes les sources naturelles qui se manifestent dans le

terrain doivent être conduites avec soin hors de la route par des égouts ou buses.

III. — *Arbres et haies.*

Règle 3. Il est indispensable de faire abattre les arbres plantés sur les bords des routes, et de couper les haies à 5 pieds de hauteur. On peut évaluer à 20 pour o/o les dégradations occasionées par les arbres trop rapprochés ou les haies trop élevées; les matériaux qui en sont ombragés restent humides et sont rapidement écrasés.

IV. — *Matériaux.*

Règle 4. Lorsque les matériaux pour l'entretien des routes sont extraits des carrières de pierre de taille ou des champs, on ne doit choisir que les plus durs.

Chaque pierre doit être cassée de manière que les morceaux puissent passer à travers un anneau de 2 pouces 1/2 de diamètre. Il faut se servir de marteaux particuliers, avec têtes aciérées et manches minces et légers ; ce travail doit toujours être fait à la tâche, soit aux carrières, soit aux lieux d'entrepôt désignés sur les routes ; et on ne doit y employer que des hommes âgés, incapables d'un ouvrage pénible, des femmes et des enfans.

Règle 5. Quand on tire les pierres des sablières, on ne doit prendre pour le milieu de la route que les cailloux ayant 1 pouce et demi de côté au moins, que l'on sépare du sable à l'aide d'un rateau à dents de fer ayant entre elles cet intervalle : le gravier est rejeté par les ouvriers. Par cette opération simple, on évite les frais de crible et de lavage. Les cailloux ayant moins d'un pouce et demi de côté et le gros gravier peuvent être employés sur les bords de la route et les trottoirs.

Les gros cailloux doivent être cassés en morceaux de dimensions prescrites, soit dans la sablière, soit dans les dépôts indiqués sur les routes.

Il est recommandé aux constructeurs de se conformer exactement à cette règle. L'usage habituel de se servir de cailloux ronds mêlés d'argile est très-nuisible et doit être sévèrement défendu.

Si un inspecteur persistait à suivre cette méthode défectueuse, il devrait être destitué par les commissaires.

V. — *Distribution de Matériaux.*

Règle 6. 1° Lorsque les fondations d'une chaussée ne sont ni solides ni sèches, il faut démonter et reconstruire la route. On doit ensuite établir sur 18 pieds de largeur une couche de pierres de 7 pouces de hauteur; des pierres tendres ou des cendres sont suffisantes pour cet objet, surtout lorsque le sol est sablonneux. Les pierres de la première couche ou des fondations doivent être placées avec beaucoup de soin et à la main : la face la plus large doit être posée sur le sol.

Les pierres doivent être mises jointives, et les intervalles remplis avec des éclats de pierre, afin que le tout forme une surface de niveau, serrée et solide comme un pavé. Les plus grosses pierres de cette couche ne doivent pas avoir plus de 5 pouces à la surface ; sur cette base de pierres ou de cendres, on doit jeter 6 pouces de pierres dures, toutes cassées, de dimensions telles que les plus grosses puissent passer dans un anneau de 2 pouces $\frac{1}{2}$ de diamètre.

Les 6 autres pieds de chaque côté, faisant 30 pieds avec les 18 du centre, doivent être recouverts d'une couche de 6 pouces de gros gravier nettoyé ou petits éclats de pierre, ayant soin de se conformer au profil prescrit :

2° Lorsqu'une route est concave dans le milieu et qu'il ne reste que peu de fondations, il faut enlever toutes les grosses pierres qui paraissent, les briser et recharger la route, sur 18 pieds de large, avec des pierres cassées, en donnant au profil en travers la forme prescrite, et à la surface la solidité et la dureté nécessaires.

3° Si les fondations sont bonnes et le bombement convenable, on ne doit employer de matériaux neufs que lorsque les flaches ou ornières se formeront, et, dans ce cas, il faut les remplir et les faire disparaître aussitôt, en y plaçant avec soin de petites pierres ; ces pierres cassées de la grosseur déjà indiquée, ayant des formes angulaires, se lieront bien ensemble.

Les chaussées faites d'après ces principes, une fois

bien établies, seront maintenues dans un parfait état de réparation avec de faibles dépenses.

4° Quand la partie de la route, ou la chaussée, faite avec des matériaux durs et dont les voitures ne s'écartent pas, n'a pas 18 pieds de large, elle doit être portée à cette largeur.

On creusera la terre de chaque côté et on la remplacera par une couche de pierres cassées de 10 pouces au moins d'épaisseur et employées comme il a été prescrit pour les routes neuves. Dans le voisinage des grandes villes, la chaussée faite en pierres cassées, doit s'étendre sur la largeur de la route.

VI. *Ordre et économie du travail.*

Règle 7. Tout travail à la journée doit être proscrit le plus tôt possible. Les inspecteurs fixeront la quantité d'ouvrage de chaque nature qui doit être exécuté dans un temps donné. Ils détermineront les conditions des marchés qui seront passés à des entrepreneurs, et auront soin que ces conditions soient parfaitement remplies avant de faire solder toutes les dépenses. On doit sévèrement tenir la main à cette règle ; car les $\frac{2}{7}$ des fonds employés sont perdus lorsque le travail est fait à la journée.

EXTRAIT

de la Loi concernant le Tarif des droits à percevoir sur les grandes routes.

(3 nivose an 6.)

———◦———

Tarif de la taxe d'entretien à percevoir sur les roues par 5000 ᵐ· 2,566 ᴸ, ou une lieue, en exécution des lois du 24 fructidor de l'an V et du 9 vendémiaire an VI.

Voitures non suspendues à deux roues.

	fr.	c.
A un cheval.	»	10.
A deux chevaux..	»	25
A trois chevaux.	»	45.
A quatre chevaux.	»	75.
A cinq chevaux..	1	20.
Pour chaque cheval en plus.	»	6o.

A quatre roues.

	fr.	c.
A un cheval.	»	8.
A deux chevaux.	»	20.
A trois chevaux.	»	35.

	fr.	c.
A quatre chevaux.	»	6o.
A cinq chevaux.	»	85.
A six chevaux.	1	20.
Pour chaque cheval en plus.	»	6o.

Voitures suspendues à deux roues.

	fr.	c.
A un cheval.	»	15.
A deux chevaux.	»	3o.
A trois chevaux.	»	4o.

A deux roues et à cinq places d'intérieur.

	fr.	c.
A deux chevaux.	»	4o.
A trois chevaux.	»	5o.

A quatre roues.

	fr.	c.
A un cheval.	»	15.
A deux chevaux.	»	3o.
A trois chevaux.	»	45.
A quatre chevaux.	»	6o.
A cinq chevaux.	»	85.
A six chevaux.	1	20.
Pour chaque cheval en plus.	»	6o·

Chaque bœuf attelé paiera la moitié du droit réglé pour un cheval attelé.

Il sera diminué le tiers du tarif pour les charrettes et chariots montés sur des roues à jantes de 25 centimètres de large (9 pouces 3 lignes environ).

Il sera diminué moitié du tarif pour les chariots montés sur des roues à jantes de 25 ^{cm.} de large, et dont les roues de derrière auront 50 ^{c.m.} (18 ^{pouc.} 6 ^{lig.} environ) de voie, de plus que celles de devant.

Les chevaux, mulets et bœufs, employés par les voituriers, comme aides, pour franchir les montées ou les mauvais pas, seront exempts de la taxe, quand, par le réglement particulier, ils seront reconnus et désignés comme établis par un usage habituel et local.

	fr.	c.
Par chaque cheval, monté de son cavalier. .	«	10.
Par cheval chargé du dos.	«	o5.
Les mulets et jumens paieront la même taxe.		

(Voir la Loi additionnelle à celles relatives à la Taxe d'entretien des routes. — 14 Brumaire, an VII.)

Loi portant diminution de la Taxe d'entretien des routes. — 7 Germinal, an VIII.

DÉCRET.

Art. Ier. A compter du Ier prairial prochain, la taxe d'entretien des routes ne sera plus perçue que dans les proportions suivantes :

Pour une distance de 5,000. ^{m.}

	fr.	c.
Pour chaque cheval attelé.	«	10.
Pour chaque bœuf ou âne attelé.	«	o5.
Pour chaque cheval attelé à une voiture suspendue..	«	15.

	fr.	c.
Pour chaque cheval monté.	«	10.
Pour chaque cheval chargé à dos.	«	o5.

Art. 2. Les voitures uniquement chargées de grains ou farines, de fumiers et autres matières servant d'engrais pour les terres, sont affranchies du paiement de la taxe d'entretien.

Art. 3. Le gouvernement pourra, lorsqu'il le jugera convenable, affermer la perception de la Taxe, sans cumulation de la charge d'entretenir la route.

Art. 4. Les fermiers actuels de barrières sont autorisés à demander la résiliation de leurs baux, à la charge par eux d'en prévenir le préfet du département, avant le 3o germinal présent mois. Les répétitions qu'ils auraient droit de former seront liquidées par voie administrative.

Les baux à ferme des barrières et les marchés des entrepreneurs des travaux, des ponts et des chaussées, continueront à être soumis à l'enregistrement ; mais ils ne seront à l'avenir assujettis qu'au droit fixe d'un franc.

(Voir l'arrêt des consuls, relatifs à la Taxe d'entretien des routes, 1er Floréal, an VIII.)

Extrait de l'arrêt royal du 23 Janvier 1828, sur la Taxe des routes provinciales dans le Hainaut.

Art. 13. Les fermiers effectueront la recette suivant le tarif énoncé ci-dessous, soit par eux-mêmes, soit par un délégué, agréé par le gouverneur de la province.

	Florins. c.	fr. c.
Chaque paire de roues par 5,000 .	» 02 1/2	» 05.
Pour chaque cheval ou mulet, jusqu'à la concurrence de quatre têtes. . .	» 05	» 10.
Pour une cinquième tête. . . .	» 07 1/2	» 15.
— sixième. . *id.*	» 10	» 20.
— septième. . *id.*	» 15	» 30.
— huitième. . *id.*	» 20	» 40.
Pour un bœuf ou un âne. . .	» 02 1/2	» 05.
Diligences destinées au transport de six personnes au plus, chaque cheval.	» 12 1/2	» 25
De six à neuf inclus. . , , .	» 15	» 30.
De neuf à douze inclus. . . .	» 20	» 40.
De douze à dix-huit inclus. .	» 30	» 60.
De dix-huit et plus	» 3	» 70

La circulation avec plus de huit chevaux ou mulets attelés est interdite, sauf pour le transport d'objets indivisibles, les cas fortuits, les obstacles de localités; dans ce cas le droit fixé pour le huitième cheval sera perçu pour chaque cheval en sus de ce nombre. Les bœufs, vaches ou ânes attelés avec plus de quatre chevaux, seront taxés comme les chevaux.

Trois roues d'une voiture seront taxées comme quatre.

Les fermiers seront obligés de donner communication de ce tarif aux voyageurs qui le désireront ; ils exerceront la perception sans nul retard ni entraves, en recevant toutes les monnaies qui ont cours dans le royaume.

Extrait de l'arrêté royal du 18 juillet 1828.

Les diligences à six places au plus

	fl.	c.	fr.	c.
par cheval.	»	10	»	20.
De sept à douze (inclusivement).	»	12 1/2	»	25.
De treize à dix-huit.	»	15	»	30.
De dix-neuf et plus.	»	17 1/2	»	35.

Extrait de l'arrêté royal du 13 février 1826.

Art. 19. L'adjudication des barrières aura lieu en florins, et le tarif des droits réglés au présent arrêté est fixé ainsi qu'il suit, y compris toutes subventions quelconques.

Il sera payé au passage devant chaque bureau pour une distance à parcourir,

SAVOIR :

	fl.	c.	fr.	c.
Pour chaque paire de roues. . .	»	2 1/2	»	05.
Pour chaque cheval jusqu'à concurrence de quatre têtes d'attelage.	»	05	»	10.

	fl.	c.	fr.	c.
Pour une cinquième tête.	»	07 1/2	»	15.
Pour une sixième tête.	»	10	»	20.
Pour une septième.	»	15	»	30.
Pour une huitième.	»	20	»	40.
Un bœuf ou un âne attelé. . .	»	2 1/2	»	05.

La circulation avec plus de huit chevaux ou mulets attelés est interdite, sauf pour le transport d'objets indivisibles, les cas fortuits et les obstacles de localités prévus au cahier des charges de l'adjudication.

Les bœufs, vaches ou ânes, attelés avec plus de 4 chevaux seront taxés comme les chevaux.

Trois roues d'une voiture seront taxées comme quatre.

Extrait des actes du Parlement.

Tarif des péages à percevoir à chaque barrière fixés par l'acte du 15 août 1789.

	sch.	pen.	fr.	c.
Une voiture, berline, landeau, calèche, etc, attelés de 6 chevaux ou mulets, etc. et plus, paiera.	2	«	2	47.
Idem, avec 3 et 4 chevaux, etc. . .	1	3	1	54.
Id. 2 id.	»	6	»	62.
Id. 1 cheval, etc.	»	3	»	31.
Tout chariot, caisson, charrette, etc., attelés de 6 chevaux et plus, ou bœufs et autres animaux de labour.	6	»	7	42.
Avec 5 chevaux.	5	»	6	18.

	sch.	peu.	fr.	c.
Id. 4 id.	2	»	2	47.
Id. 3 id.	1	6	1	85.
Tout cheval, etc., chargé ou non, et n'étant pas attelé.	»	» 3/4		8.
Un âne chargé ou non.	»	1 3/4		18.
Chaque vingtaine de bœufs ou d'autres bestiaux, et à proportion soit en plus ou en moins.	»	7 1/2	»	77.
Chaque vingtaine de veaux, cochons, moutons, agneaux ou chèvres, et à proportion, soit en plus ou en moins. . .			»	36.
Art. V. Il est arrêté que les chariots ou autres voitures chargés ne paieront qu'une fois par jour et à raison, pour une charrette chargée, attelée d'un seul cheval.	»	2 1/2	»	36
Avec 2 chevaux de.	»	5	»	51

Et à proportion pour un plus grand nombre de chevaux.

Voir l'acte de Georges IV, amendant les lois en vigueur relatives aux routes à péages, et les seize actes antérieurs de Georges III.

Voir également les lois de la Bavière, de Bohême, de Prusse, de Baden, de Saxe, etc., sur les routes.

EXTRAIT

d'un projet de législation sur les routes.

Riverains.

Les riverains s'abstiendront de faire et d'entretenir des constructions ou des plantations excédant un mètre de hauteur, au-dessus du niveau de la chaussée, à une distance moindre de cinq mètres de la berme ou neuf mètres du milieu de la route.

Ils entretiendront les ouvrages existans dans leurs propriétés pour l'assèchement de la chaussée.

Ils ne verseront aucun courant d'eau à la surface ou dans les fondations de la route.

Ils ne construiront aucune exploitation, aucune machine capable d'épouvanter les bestiaux ou de nuire aux voyageurs.

Nul ne déposera, n'abandonnera, ne laissera stationner des animaux, des voitures, des matériaux sur la voie publique.

Nul n'allumera des feux de forge, de joie, d'artifice, visibles de la chaussée.

Voyageurs.

Les voitures sont attelées d'une seule ou de plusieurs bêtes de trait par essieu ; ce sont les chars et les fardiers.

La largeur des jantes des chars, sera de $\qquad$ 0 $^{m.}$ 100

La largeur des jantes des fardiers, sera de 0 $^{m.}$ 300

Les jantes de toutes les voitures seront cylindriques et sans aspérités à la circonférence.

La largeur des chars et des fardiers n'excédera pas ... 2 $^{m.}$ 000

La hauteur des chars et des fardiers, n'excédera pas ... 2 $^{m.}$ 500

Les voitures seront toutes suspendues sur leurs essieux de manière à fléchir sensiblement en roulant sur les inégalités du sol.

Elles seront éclairées toute la nuit, soit qu'elles stationnent ou qu'elles circulent sur la voie publique.

Elles porteront une plaque ostensible, indiquant le nom, le prénom, la profession, le domicile de leur propriétaire, et le numéro d'inscription à la mairie.

Les guides, cordeaux et mors, servant à diriger les bêtes de trait, résisteront à un tirage de 100 $^{kg.}$.

Le conducteur des bestiaux ou troupeau, de bêtes de somme, de selle, de trait, sera âgé de 15 ans.

Nul ne conduira plus de quatre voitures attelées chacune d'une seule bête de trait, et plus d'une seule voiture attelée de plusieurs bêtes de trait.

Le conducteur de plusieurs voitures marchera à côté d'elles.

Chaque bête de somme, de selle ou de trait, marchant ou stationnée sur la voie publique, sera tenue en main ou attachée à un corps capable de la retenir.

Les bêtes de selle, de somme, de trait; les bestiaux isolés ou en troupeau, les chiens; toutes les bêtes et machines de transport seront dirigées latéralement à la berme de droite; ils ne s'en écarteront point pour céder le pas à ceux qui les suivraient; mais seulement, pour tourner un obstacle ou devancer les personnes, les bestiaux ou les voitures qui les précéderaient.

Les conducteurs ne doivent jamais s'éloigner de leur attelage, s'endormir ou s'enivrer.

Voyer.

Le voyer remplira toutes les conditions imposées par l'état descriptif et figuratif de la route, par celui de la qualité et de la quantité des matériaux à fournir et à employer.

Il maintiendra la propreté, le bon ordre dans la salle d'asile.

Il y affichera les tableaux des droits et des devoirs du riverain, du voyageur, du voyer; et l'itinéraire de la localité.

Il entretiendra au dehors sur son habitation et à la bifurcation des routes, les inscriptions de distance et de direction des lieux circonvoisins.

Il éclairera pendant toute la nuit, les obstacles, les détours, les embranchemens de la route; la station et la salle d'azile.

Il saisira, gardera en dépôt les choses et bestiaux sans propriétaire, et tuera les chiens errans.

Il se dévouera à la conservation des voyageurs et à l'exécution de la loi.

Il inscrira immédiatement sur un registre légalisé, tous les faits parvenus à sa connaissance.

Il percevra à son profit pour chaque contravention qu'il aura constatée un droit de 1 fr. 00; il la consignera sur son registre pour que, s'il y a lieu, elle soit poursuivie devant les tribunaux, au nom de l'intérêt public ou particulier.

Le voyageur auquel l'inobservation des devoirs du voyer serait préjudiciable, pourra lui demander une indemnité, transiger ou le poursuivre devant les tribunaux.

Mais qu'ils s'entendent ou non sur leur intérêt particulier, le fait sera inscrit sur le registre de station pour que, s'il y a lieu, il soit poursuivi au nom de l'intérêt général.

Le voyer percevra par bête de selle, de somme, de trait et autres bestiaux isolés ou en troupeau. . . . . 0 fr. 05

Par bête de char, traînant 2 roues. . . . .   «   10

Par bête de fardier, traînant moins de 2 roues.. . . . . «   30

FIN.

13*

TABLE.

DES VOITURES ET DES ROUTES. 1

DES VOITURES. 3

DES ROUES. 4
De leur diamètre. 4
Expériences. 113
Dans les dépressions. 5
Sur les obstacles. 5
Expériences. 114
Dans les ornières. 5
Dans les terres grasses. 6
Sur les rampes. 6
Dans les flâches. 7
Sur les revers. 7
Dans les tournans. 7
Dans les ornières. 7
Sont des leviers. 8
Leur fragilité, etc. 8-115

JANTES. 9
Rondes. 10
Élastiques. 10

Inclinées. 10
Expériences. 115
Coniques. 10
Expériences. 116
Cylindriques. 11
Expériences. 116
Sur un sol nivelé. 11
Dépressible inégal. 11
Glissant. 12
Collant. 12
Expériences. 117
Jantes étroites. 12
— larges. 13
Nombre des roues. 118

ROUES en charpente. 118
En charronnage. 119
A jante roulée. 119
—en fer. 120
Moyeu en fer. 120
Rais en fer. 120
Roues en fer. 120
— en fonte. 120

ESSIEU incliné.   14
Fusée conique.   14
Essieu droit.   120
Cylindrique.   14
Sa longueur.   14
Surface d'impression.   14
Essieu tournant.   15
Avec les roues.   15
Sans elles.   15
Expériences.   121
Essieu double.   16
Ballottant.   16
Élastique.   16
Chargé aux extrémités.   17
Des frottemens.   17
Poulies.   17

GRAISSAGE.   18
Son choix.   18
Ses fonctions.   18-122

CHARGEMENT.   20
Dans les roues.   20
Dans les tonnes.   20
Tonne américaine.   123
Autour de l'essieu.   21
Tonne à roue.   125
Sous l'essieu.   21
Hypaxon.   125
Sur l'essieu.   22
Sur une roue.   22-126
Sur deux roues.   22
Sur trois roues.   23
Sur quatre roues.   24

Sur six ou huit roues.   24
Expériences.   127
Sur les obstacles.   25-127
Dans les détours.   26
Dans les côtes.   26

CHARIOTS longs.   26-128
Leur largeur.   27
Leur hauteur.   27
Expériences.   128
Leur volume.   28
Leur poids.   28
Expériences.   129
Ses effets.   29
Expériences.   130
Comparaison.   30-131
Relativement au sol.   31

RESSORTS.   32
De la caisse.   32
Expériences.   132
Des roues.   33
Du palonnier.   34
Des brancards.   35

DE LA RÉSISTANCE   35
Tirage direct.   36
Rampant.   36-133
Latéral.   37

ENRAYAGE.   39-133

DES MOTEURS   42
Leur marche.   43

Montante.	44	DES ALIMENS	54
Horizontale.	44		
Descendante.	45	DU RÉGIME.	54
De leur emploi.	46	DES SOINS.	55
BÊTES de somme.	46	DES CHEVAUX	55
Expériences.	134		
De selle.	133	DES HOMMES.	57
De rampe	46-134	De trait.	142
De tympan.	135	De somme.	142
De manège de halage.	47	De course.	142
Expériences.	135		
De trait.	47-137	DES CHIENS.	57-143
HARNAIS.	48	VOITURES A VAPEUR.	58-143
Des traits.	48	A voiles.	59-143
Du collier.	49	A cerf-volant.	61-144
Du palonnier.	49	A air comprimé.	144
		—dilaté.	62
TIRAGE incliné.	50		
Diagonal.	50	CONCLUSION	63-144
Expérience.	140		
Rampant.	51	DES ROUTES.	
Descendant.	51	De la résistance.	67-145
Sur un sol glissant.	52	Les rampes.	68
		—en montant.	69
MOTEURS isolés.	53	—en descendant.	69-146
Réunis.	53	Les dépressions.	73-147
		Elasticité.	74
TRAVAIL prématuré.	53	Les obstacles.	75
Rapide.	53-140	L'inclinaison latérale.	76
Excessif.	53	La glutinosité du sol.	77
Intermittent.	54	De l'eau.	78
		Des inondations.	79
DU REPOS.	54-141	Des abris.	80-148

Des fonds élastiques. 86-148
Des gorges. 81

DES CHAUSSÉES. 81
En fer. 82-150
Onduleux. 152
En bois. 84
En dalles. 84
En paves. 84
En cailloutis. 85-153
Matériaux. 85-153
Encaissement. 88
Ses couches. 89
Son épaisseur. 91-157

TRACÉ des routes. 91
Direction. 91
Largeur. 92-160
Profil. 161
Pente unique. 93
Convexité. 93-162
Exhaussement. 94-164
Assèchement. 95-164
Plantations. 95-165
Banquettes. 95-165
Police. 96-193
Entretien. 97-165
Cantonnier. 98

Surveillant. 99
VOYER. 100-192
Adjudicataire. 100
Agent public. 100
Son habitation. 100
Ses insignes. 101
Ses armes. 101
Son porte-voix. 101
Sa police. 102
Son éclairage. 102
Son entretien. 102
Son registre. 102
Sa responsabilité. 102-166

IMPOT des routes. 103-167
Perception. 105
Par le voyer. 106
Par des sociétés. 106
Par des agens. 106-174
Classement des routes. 106

CORVÉES. 107-176

CONCLUSION. 112
Instructions anglaises. 178
Lois françaises. 184
—étrangères. 187
Extrait d'un projet de
loi sur les routes. 192

FIN DE LA TABLE.